城镇居民鸡蛋消费问题研究

朱 宁 著

中国农业出版社

北 京

本书得到"财政部和农业农村部：国家现代农业产业技术体系（CARS-40）"资助，特此感谢！

前 言
FOREWORD

　　我国是世界上最大的鸡蛋消费国，鸡蛋为人们提供了物美价廉的动物蛋白，为提高人们生活水平、改善膳食结构起到了重要作用。随着居民收入水平的提升以及消费习惯的改变，人们的鸡蛋消费结构、质量安全认知也发生了较大变化，鸡蛋消费也出现了新趋势、新现象。开展城镇居民鸡蛋消费问题的研究，有利于掌握鸡蛋消费端的动态，对蛋鸡产业转型升级以及满足人们需求具有重要意义。

　　基于以上发展背景，选取城镇居民作为研究对象，以农业经济理论为依据，利用实地调研数据，开展了以下四个方面的研究：第一，研究城镇居民鸡蛋购买行为，针对城镇居民普通鸡蛋和品牌鸡蛋的消费量及其影响因素开展实证分析，并进一步基于胆固醇认知的角度，分析影响城镇居民鸡蛋实际食用量、合理食用量以及合理与实际食用量差值的关键因素；第二，针对"鸡蛋该定什么价格？在不同的价格下，城镇居民鸡蛋的消费会发生什么变化？"等问题，开展城镇居民家庭鸡蛋价格承受能力及购买倾向的研究；第三，针对"消费者需要鸡蛋具备的品质有哪些？若存在达到消费者要求的高品质鸡蛋，则消费者所能够支付的鸡蛋价格是多少？"等问题，在探清城镇居民对鸡蛋品质需求的基础上，实证分析影响城镇居民支付高品质鸡蛋价格的关键因素；第四，以突发事件为背景，分析非洲猪瘟疫情、"土鸡蛋"事件对城镇居民鸡蛋消费及畜产品消费的影响。开展以上研究能够对城镇居民鸡蛋消费行为进行论证，有助于丰富和拓展农产品消费的研究，可为新形势下鸡蛋消费升级提供决策依据。期望研究成果能为蛋鸡产业经济与政策制定部门、研究人员及相关实践者提供有益的参考。

为了支撑以上研究，国家蛋鸡产业技术体系产业经济研究室专门开展了城镇居民鸡蛋消费情况的问卷调研，调研以家庭收入水平和访问者年龄作为分层抽样的依据，结合随机抽样的方法，选取了北京市城六区（东城区、西城区、海淀区、朝阳区、丰台区、石景山区）以及河北省石家庄市、保定市、邯郸市的城区作为调研地点，既能够分析主销区和主产区的区别，也能够比较不同经济发展水平地区的差别。调研借鉴了以往鸡蛋消费调研的经验，在开展了多次预调研的基础上，确定了最终的调查问卷与方案，拟定在北京市城六区每个区至少调研 100 个样本、河北省每个市至少调研 150 个样本，实际调研过程中，采取面对面一对一访问的形式，获取了真实、可靠的数据。经数据筛选与整理，共获取 1 068 个有效样本（样本有效率达到了 97.80%），其中，北京市 615 个（东城区 102 个、西城区 101 个、海淀区 105 个、朝阳区 104 个、丰台区 102 个、石景山区 101 个）、河北省 453 个（石家庄市 150 个、保定市 153 个、邯郸市 150 个）。

朱　宁

2021 年 3 月

目　录
CONTENTS

前言

CHAPTER 1　第一章

城镇居民鸡蛋消费现状
调研分析报告

　　我国是世界上最大的鸡蛋消费国，鸡蛋作为优质优价的动物蛋白质来源，已经成为人们最主要的畜禽消费品（孙从佼等，2019；朱宁等，2019）。随着居民收入水平的提升以及消费习惯的改变，人们的鸡蛋消费结构、消费渠道、质量安全认知也发生了较大变化，而且随着城镇化的不断推进，城镇居民鸡蛋消费引领了消费趋势，对蛋鸡产业可持续发展意义重大。为了摸清城镇居民鸡蛋消费情况，国家蛋鸡产业技术体系产业经济研究室于2019年7月，专门在北京城区和河北3个市的城区开展了城镇居民鸡蛋消费情况的调研，为定量分析城镇居民鸡蛋消费行为提供了数据支撑。

一、 数据基本情况

调研中选取了了解家庭鸡蛋消费的被访问者，女性被访问者占总样本的 69.10%，被访问者年龄在 45 岁以上的占总样本的62.92%。被访问家庭受教育程度最高成员的学历水平以本科居多，约占总样本的一半，约有 19.85% 的样本家庭最高学历达到了研究生。被访问家庭月均收入主要分布在 5 001～20 000 元的区间（表 1-1）。

表 1-1 样本基本情况

指标类别	具体指标	样本数（个）	比例（%）
被访问者性别	男	330	30.90
	女	738	69.10
被访问者年龄	21～35 岁	188	17.60
	36～45 岁	208	19.48
	46～55 岁	261	24.44
	56 岁以上	411	38.48
被访问家庭最高学历	小学及以下	10	0.94
	初中	41	3.84
	高中或中专、高职	101	9.46
	大专	199	18.63
	本科	505	47.28
	研究生	212	19.85
家庭月均收入	0～5 000 元	139	13.01
	5 001～10 000 元	344	32.21
	10 001～20 000 元	368	34.46
	20 000 元以上	217	20.32

二、　城镇居民对鸡蛋质量安全的关注

近些年，食品安全问题多发，导致人们对食品质量安全越来越关注，对于食品品质的期望也越来越高。调研中 72.66％的城镇居民认为所购买及消费的鸡蛋仍未达到心理预期（表 1-2、表 1-3），尤其是在口感、蛋黄颜色、香味（鸡蛋味）等方面未能达到消费者的需求，这也是鸡蛋品质急需改进的关键点，需要重点结合消费者对以上三方面的具体要求及感官评价，对鸡蛋品质进行提升。

表 1-2　城镇居民对鸡蛋的心理预期及达不到预期统计

单位:％

省份	能够达到预期	达不到预期	不知道
北京（N＝615）	22.44	71.71	5.85
河北（N＝453）	22.08	73.95	3.97
总计（N＝1 068）	22.29	72.66	5.06

表 1-3　城镇居民对鸡蛋的品质特征是否达到预期统计

省份	口感	蛋黄颜色	香味（鸡蛋味）	其他
北京（N＝441）	75.74	67.80	68.03	5.22
河北（N＝335）	61.19	48.36	66.57	12.84
总计（N＝776）	69.46	59.41	67.40	8.51

就城镇居民对鸡蛋的认知来看（表 1-4），普通鸡蛋与品牌鸡蛋相比，优点主要体现在便宜、新鲜、可随意挑选；品牌鸡蛋与普通鸡蛋相比，优点主要体现在质量有保障、营养、有包装等。北京与河北城镇居民对不同鸡蛋优点的认知虽然有差异，但大体上相似。此外，选择"其他"的样本认为普通鸡蛋与品牌鸡蛋的差别主要集中在蛋黄颜色。总的来看，普通鸡蛋与品牌鸡蛋因其自身的特点造成了优点或优势的差异。

表1-4 城镇居民对鸡蛋的认知统计 单位:%

省份	普通鸡蛋比品牌鸡蛋的优点						
	无区别	便宜	新鲜度	好吃	可随意挑选	营养	其他
北京（N=615）	14.96	71.22	51.22	7.32	36.75	4.88	4.39
河北（N=453）	8.39	77.70	43.49	10.15	50.11	9.49	2.87
总计（N=1 068）	12.17	73.97	47.94	8.52	42.42	6.84	3.75

省份	品牌鸡蛋比普通鸡蛋的优点								
	无区别	营养	质量有保障	好吃	蛋壳洁净	有包装	类别丰富	可追溯	其他
北京（N=615）	16.10	48.46	54.47	32.36	20.00	24.88	3.74	5.37	2.93
河北（N=453）	17.44	32.45	54.30	11.70	23.84	42.83	6.18	19.21	3.97
总计（N=1 068）	16.67	41.67	54.40	23.60	21.63	32.49	4.78	11.24	3.37

鸡蛋应该具有哪些品质呢？据调研显示（表1-5），调研中的城镇居民认为质量有保障、营养丰富、新鲜、安全可靠、好吃是鸡蛋要具备的品质，尤其是质量安全与营养丰富。若存在人们期待的鸡蛋，则调研中的北京市城镇居民愿意支付16.31元/千克购买、河北省城镇居民愿意支付11.09元/千克购买，总体来看，调研中的城镇居民愿意支付14.10元/千克购买。

表1-5 城镇居民期望鸡蛋具有的品质统计 单位:%

省份	质量有保障	营养丰富	鸡蛋大小均匀	产品可追溯	新鲜度	便于携带
北京（N=615）	69.59	73.98	30.08	21.79	56.91	7.80
河北（N=453）	85.78	84.58	14.70	28.92	81.93	9.40
总计（N=1 068）	73.41	75.47	23.03	23.78	64.61	8.15

省份	安全可靠	蛋壳洁净	好吃	有小时候的味道	鸡蛋功能	其他
北京（N=615）	50.57	27.64	40.00	9.27	2.11	3.90
河北（N=453）	55.18	10.60	33.49	14.46	2.65	1.69
总计（N=1 068）	50.56	20.04	36.05	10.96	2.25	2.90

调研中的城镇居民对于鸡蛋质量安全的关注程度较高（表1-6），达到了3.65分（5分为满分）。对于鸡蛋质量安全的评价，虽然超过了3分，但未达到"比较好"的程度，人们对质量安全的评价较低。人们对鸡蛋可追溯的关注程度较低，低于平均分3分，可能与目前鸡蛋可追溯体系还未能全面推行、人们认知渠道缺乏有关。

表1-6　城镇居民对鸡蛋质量安全关注及评价统计

单位：分

省份	质量安全关注程度	质量安全评价	可追溯关注程度
北京（N=615）	3.83	3.33	2.48
河北（N=453）	3.42	3.27	2.70
总计（N=1 068）	3.65	3.31	2.57

为了全面了解城镇居民对鸡蛋质量安全的关注，专门统计了城镇居民对品牌鸡蛋的满意度（表1-7），样本对品牌鸡蛋的满意度达到了3.58分（5分为满分），北京与河北也均为3.58分，该结果说明品牌鸡蛋还需做进一步提升以满足人们的需求；就城镇居民对鸡蛋品牌的忠诚度看，北京有90.46%的样本固定一个品牌购买鸡蛋，忠诚度较高，而河北虽然有一半的样本固定一个品牌购买鸡蛋，但还有超过1/3的样本每次都更换鸡蛋的品牌。

表1-7　城镇居民对品牌鸡蛋的满意度及忠诚度统计

省份	品牌鸡蛋满意度（分）	固定一个品牌购买（%）	固定几个品牌购买（%）	每次更换品牌购买（%）	其他（%）
北京（N=283）	3.58	90.46	0.35	4.95	4.24
河北（N=221）	3.58	54.30	0.90	38.46	6.33
总计（N=504）	3.58	74.60	0.60	19.64	5.16

三、 城镇居民鸡蛋购储行为

（一）城镇居民鸡蛋购储行为基本情况

就购买的鸡蛋类型来看（表1-7），仅购买普通鸡蛋的样本数为564个，占总样本的52.81%；仅购买品牌鸡蛋的样本数为196个，占总样本的18.35%；普通鸡蛋与品牌鸡蛋都购买的样本数为308个，占总样本的28.84%。总体来看，城镇居民家庭仍以普通鸡蛋消费为主，品牌鸡蛋也成为人们鸡蛋购买的主要品类。

就鸡蛋购买的频率以及购买量来看（表1-8），普通鸡蛋的购买频率较高，仅购买普通鸡蛋的样本9.13天购买一次，每次购买约1.83千克，价格约为8.85元/千克；仅购买品牌鸡蛋的样本10.64天购买一次，每次购买约28.35枚，价格约为1.42元/枚；购买普通鸡蛋与品牌鸡蛋的样本11.10天购买一次普通鸡蛋、47.15天购买一次品牌鸡蛋，每次购买普通鸡蛋1.56千克、品牌鸡蛋34.22枚，价格分别约为9.11元/千克、1.34元/枚。以上三类所购买的鸡蛋总量相差不大，购买频率以及鸡蛋价格相对一致。从不同的地区来看，北京城镇居民家庭的普通鸡蛋以及品牌鸡蛋的购买频率较高，河北省相对较低，而且北京鸡蛋价格要高于河北，主产区的居民购买鸡蛋具有价格优势。

表1-8　城镇居民鸡蛋购买基本情况统计

省份	仅购买普通鸡蛋（N=564）					仅购买品牌鸡蛋（N=196）				
	样本（个）	频率（天/次）	购买量（千克/次）	金额（元/次）	均价（元/千克）	样本（个）	频率（天/次）	购买量（枚/次）	金额（元/次）	均价（元/枚）
北京	332	8.21	1.83	17.13	9.35	132	9.10	27.17	40.24	1.48

（续）

| 省份 | 仅购买普通鸡蛋（N＝564） | | | | | 仅购买品牌鸡蛋（N＝196） | | | | |
	样本（个）	频率（天/次）	购买量（千克/次）	金额（元/次）	均价（元/千克）	样本（个）	频率（天/次）	购买量（枚/次）	金额（元/次）	均价（元/枚）
河北	232	10.45	1.82	14.79	8.13	64	13.83	30.77	40.61	1.32
总计	564	9.13	1.83	16.16	8.85	196	10.64	28.35	40.36	1.42

| 省份 | 购买普通鸡蛋与品牌鸡蛋（N＝308） | | | | | | | | | |
| | 普通鸡蛋 | | | | | 品牌鸡蛋 | | | | |
	样本（个）	频率（天/次）	购买量（千克/次）	金额（元/次）	均价（元/千克）	样本（个）	频率（天/次）	购买量（枚/次）	金额（元/次）	均价（元/枚）
北京	151	11.04	1.53	14.48	9.47	151	37.61	27.62	39.83	1.44
河北	157	11.15	1.58	13.92	8.79	157	56.33	40.57	51.54	1.27
总计	308	11.10	1.56	14.20	9.11	308	47.15	34.22	45.80	1.34

　　就鸡蛋的购买渠道来看（表1-9），普通鸡蛋以及品牌鸡蛋最主要的购买渠道是超市，说明人们越来越倾向于质量更有保障的渠道。而且城镇居民普通鸡蛋购买渠道更多，尤其是与品牌鸡蛋相比，农贸市场是购买渠道选择相差较大的渠道，在一定程度上说明鸡蛋类型的不同，导致了相对应的较为固定的购买渠道。北京与河北相比，北京市城镇居民更倾向于超市作为鸡蛋的购买渠道，河北样本则以社区便利店以及小商贩作为可供其选择的购买渠道。此外，鸡蛋电商仍处于成长期，仅有少部分消费者会通过电商购买鸡蛋。

表1-9　城镇居民鸡蛋购买渠道统计　　　　单位:%

| 省份 | 普通鸡蛋 | | | | | |
	超市	农贸市场	社区便利店	小商贩	电商	其他
北京（N＝483）	88.82	59.83	58.80	8.70	2.90	0.83
河北（N＝389）	70.69	62.72	37.79	11.83	0.77	1.80
总计（N＝872）	80.73	61.12	49.43	10.09	1.95	1.26

（续）

省份	品牌鸡蛋					
	超市	农贸市场	社区便利店	小商贩	电商	其他
北京（N＝283）	93.64	16.25	22.61	2.47	14.49	1.41
河北（N＝221）	91.40	14.03	45.25	10.41	5.88	4.52
总计（N＝504）	92.66	15.28	32.54	5.95	10.71	2.78

就鸡蛋储存方式来看（表1－10），城镇居民以冰箱储存为主，占总样本的85.30％，其次是常温储存，占比较小，仅为13.01％。还有少数城镇居民采用"夏季冰箱储存、其他季节常温储存"的鸡蛋储存方式。

表1－10　城镇居民鸡蛋储存方式统计

省份	冰箱储存		常温储存		其他	
	样本数（个）	比例（％）	样本数（个）	比例（％）	样本数（个）	比例（％）
北京（N＝615）	515	83.74	91	14.80	9	1.46
河北（N＝453）	396	87.42	48	10.60	9	1.99
总计（N＝1 068）	911	85.30	139	13.01	18	1.69

（二）城镇居民品牌鸡蛋认知及购买原因

就城镇居民对品牌鸡蛋的认知来看（表1－11），大部分城镇居民认为有商标、有包装、有认证、有喷码的鸡蛋是品牌鸡蛋，还有1/3的样本认为价格高的鸡蛋就是品牌鸡蛋，虽然品牌鸡蛋的价格相对较高，但这一认知存在偏差。北京城镇居民相对于河北城镇居民，在对品牌鸡蛋的认识上相对更为准确，尤其表现在有商标、有认证、有喷码等方面。此外，少部分样本认为柴鸡蛋、笨鸡蛋是品牌鸡蛋。总的来看，人们对品牌鸡蛋的认知还需提升，尤其是如何辨别品牌鸡蛋以及如何挑选品牌鸡蛋。

表1-11　城镇居民对品牌鸡蛋认知统计　　单位：%

省份	价格高	有商标	有包装	超市出售	有认证	有喷码	可追溯	其他
北京（N=615）	33.82	79.35	46.67	28.46	60.81	51.06	15.77	6.02
河北（N=453）	31.57	65.12	56.73	39.74	54.30	28.48	26.05	5.96
总计（N=1 068）	32.87	73.31	50.94	33.24	58.05	41.48	20.13	5.99

就城镇居民对鸡蛋价格的认知来看（表1-12），超过88%的样本认为品牌鸡蛋比普通鸡蛋价格高是合理的，利于品牌鸡蛋生产企业定价。城镇居民认为普通鸡蛋7.61元/千克是合理的，能够承受的价格是12.26元/千克，品牌鸡蛋价格0.93元/枚是合理的，能够承受的价格是1.43元/枚。与实际价格相比，居民能够承担起普通鸡蛋和品牌鸡蛋的消费。北京城镇居民比河北城镇居民在普通鸡蛋价格承受能力上要高，但品牌鸡蛋要低，这与河北是普通鸡蛋主产区、北京是品牌鸡蛋主产区有关。

表1-12　城镇居民对鸡蛋价格认知统计

省份	品牌鸡蛋比普通鸡蛋价格高合理（%）	合理的普通鸡蛋价格（元/千克）	能承受的普通鸡蛋价格（元/千克）	合理的品牌鸡蛋价格（元/枚）	能承受的品牌鸡蛋价格（元/枚）
北京（N=615）	88.62	8.07	14.07	0.93	1.41
河北（N=453）	90.73	6.97	9.79	0.94	1.46
总计（N=1 068）	89.51	7.61	12.26	0.93	1.43

就城镇居民购买品牌鸡蛋的原因来看（表1-13），购买品牌鸡

蛋主要考虑鸡蛋质量有保障、营养丰富、新鲜度、家里有小孩、安全可靠、产品可追溯，尤其是质量与营养是除了价格以及收入以外，影响城镇居民购买品牌鸡蛋的主要原因，另外家庭成员结构也是其中一个重要因素。此外，北京与河北的样本在购买品牌鸡蛋的原因方面相差不大。总的来看，城镇居民购买品牌鸡蛋看重的是质量安全与营养健康。

表1-13　城镇居民购买品牌鸡蛋的原因统计　　单位:%

省份	质量有保障	营养丰富	鸡蛋大小均匀	产品可追溯	新鲜度	便于携带	家里有小孩	家里有老人	家里有孕妇
北京（N=283）	47.00	38.52	10.60	16.96	25.44	10.25	38.16	14.13	2.47
河北（N=221）	59.28	50.68	9.95	33.03	37.56	21.27	33.03	17.19	6.79
总计（N=504）	52.38	43.85	10.32	24.01	30.75	15.08	35.91	15.48	4.37

省份	安全可靠	蛋壳洁净	习惯性购买	促销	好吃	店员推荐	亲友推荐	专家、媒体推荐	其他
北京（N=283）	30.39	14.49	17.31	15.55	21.20	3.53	1.77	3.53	7.07
河北（N=221）	26.24	8.14	4.07	20.81	11.31	3.62	4.52	0.45	22.17
总计（N=504）	28.57	11.71	11.51	17.86	16.87	3.57	2.98	2.18	13.69

　　就城镇居民购买品牌鸡蛋的包装类型来看（表1-14），主要购买礼盒、纸盒、塑料盒以及网兜等包装的品牌鸡蛋，其中，购买礼盒包装品牌鸡蛋的样本主要用于送礼，尤其是河北购买礼盒用于送礼的比例比较高。北京纸盒包装的品牌鸡蛋较多，这与超市等渠道售卖的品牌鸡蛋包装有关系，具有地域性。总的来看，人们对品牌鸡蛋包装方面的挑选倾向于便于携带、包装结实以及不易损坏。

表 1-14　城镇居民购买品牌鸡蛋的包装类型统计

单位:%

省份	礼盒	纸盒	塑料盒	网兜	散装	其他
北京（N=283）	26.50	66.08	27.56	26.15	12.72	0.00
河北（N=221）	52.49	34.39	37.56	41.18	22.17	1.36
总计（N=504）	37.90	52.18	31.94	32.74	16.87	0.60

就促销对城镇居民购买品牌鸡蛋的影响来看（表 1-15），主要受到降价、换购以及品牌宣传的影响而购买品牌鸡蛋，其中，北京和河北因降价而购买品牌鸡蛋的样本分别占总样本（N=504）的 68.20%、71.95%，因换购而购买品牌鸡蛋的样本分别占总样本（N=504）的 40.99%、45.25%，因品牌宣传而购买品牌鸡蛋的样本分别占总样本（N=504）的 25.44%、20.81%。换购也算是降价的一种方式，这说明价格仍然是人们购买品牌鸡蛋的主要因素。

表 1-15　促销对城镇居民购买品牌鸡蛋影响统计

单位:%

省份	降价	换购	品牌宣传	其他
北京（N=283）	68.20	40.99	25.44	3.89
河北（N=221）	71.95	45.25	20.81	3.17
总计（N=504）	69.84	42.86	23.41	3.57

四、　城镇居民鸡蛋消费行为

调研地区的城镇居民基本上实现了每人每日一枚蛋（表 1-16），其中，仅购买品牌鸡蛋的样本人均每日还达不到一枚鸡蛋，但该人群收入水平较高，大都倾向于选择肉类、水产品、海产品作为动物蛋白的主要来源。与鸡蛋消费倾向相比，调研到的样本目前还未达到认为的最合理的消费频率，尤其是仅购买品牌鸡蛋的人群，其鸡蛋消费量还有潜力可被挖掘。

表 1 - 16　城镇居民鸡蛋每日消费量统计

类别	省份	所有样本（N=1 068）消费量（枚/日）	仅购买普通鸡蛋的样本（N=564）消费量（枚/日）	仅购买品牌鸡蛋的样本（N=196）		购买普通与品牌鸡蛋的样本（N=308）	
				消费量（枚/日）	送礼比例（%）	消费量（枚/日）	送礼比例（%）
城镇居民消费量	北京	1.16	1.21	0.99	3.27	1.18	13.84
	河北	1.00	0.96	0.72	10.25	1.17	26.25
	总计	1.09	1.11	0.90	5.55	1.17	20.17
城镇居民消费倾向	北京	1.27	1.27	1.26	—	1.27	—
	河北	1.36	1.38	1.29	—	1.36	—
	总计	1.31	1.32	1.27	—	1.31	—

就鸡蛋消费方式来看（表 1 - 17），城镇居民以水煮蛋、炒菜、鸡蛋羹、煎蛋作为主要的鸡蛋消费方式，尤其是水煮蛋和炒菜，均超过了80%的样本。河北和北京存在差异，尤其是体现在北京城镇居民选择水煮蛋、炒菜、鸡蛋羹、煎蛋、溏心蛋的比例要高于河北，而河北城镇居民选择茶叶蛋、荷包蛋、做糕点以及其他的比例要高于北京，虽然存在一定的差异，但整体的消费方式相似。

表 1 - 17　城镇居民鸡蛋消费方式统计　　　　单位:%

省份	水煮蛋	炒菜	鸡蛋羹	煎蛋	溏心蛋	茶叶蛋	荷包蛋	做糕点	其他
北京（N=615）	93.66	83.25	61.79	53.66	21.79	11.71	13.01	3.41	1.79
河北（N=453）	78.15	78.59	43.05	41.94	8.61	20.53	33.55	5.30	8.83
总计（N=1 068）	87.08	81.27	53.84	48.69	16.20	15.45	21.72	4.21	4.78

就加工蛋消费来看（表1-18），城镇居民加工蛋的消费主要集中在卤蛋、鸡蛋干、皮蛋等传统鸡蛋加工品，对于蛋白粉、液蛋以及全蛋粉等加工品的消费比例较低。北京城镇居民家庭消费鸡蛋干的比例高于河北一倍，而消费卤蛋、皮蛋、溏心蛋、液蛋以及全蛋粉的城镇居民家庭比例，河北要略高于北京，说明鸡蛋干作为近些年鸡蛋加工品中主销产品，在经济发展水平不同层次的城市存在差异，经济发展水平越高，则城镇居民家庭消费的可能性越高。

表1-18　加工蛋消费统计　　　　　　单位：%

省份	卤蛋	鸡蛋干	皮蛋	溏心蛋	蛋白粉	液蛋	全蛋粉
北京（N=615）	70.24	40.81	69.11	6.02	6.99	1.63	1.63
河北（N=453）	77.92	20.53	78.15	7.95	6.62	2.21	2.43
总计（N=1 068）	73.50	32.21	72.94	6.84	6.84	1.87	1.97

五、 突发事件对城镇居民鸡蛋消费的影响

就非洲猪瘟疫情对城镇居民鸡蛋消费的影响来看（表1-19），有65.07%的样本在畜产品消费方面受到了影响，鸡蛋购买量增加了11.83%，其中，北京增加的相对较多，达到了13.18%。鸡蛋增加量低于牛肉、羊肉以及鸡肉，表明鸡蛋替代猪肉的能力要低于肉类。北京用牛肉和羊肉替代猪肉消费较为明显，主要与收入水平以及消费习惯有关。此外，非洲猪瘟疫情对城镇居民畜产品消费的影响周期约4.41个月，其中，北京为4.14个月、河北为4.72个月。在经过以上的影响周期后，城镇居民对畜产品的消费趋于稳定。

表 1-19 非洲猪瘟疫情对城镇居民畜产品购买的影响统计

单位:%

省份	鸡蛋购买量增加比例	牛肉购买量增加比例	羊肉购买量增加比例	鸡肉购买量增加比例	鸭蛋购买量增加比例	水产品购买量增加比例	其他畜产品购买量增加比例
北京 (N=369)	13.18	32.10	23.58	9.90	0.69	2.91	0.16
河北 (N=326)	10.30	16.66	7.79	9.88	0.59	6.28	0.37
总计 (N=695)	11.83	24.86	16.17	9.89	0.64	4.49	0.26

就"土鸡蛋"事件来看(表 1-20),所调研到的样本中知道2019 年"央视 3·15 晚会"曝光的"土鸡蛋"事件的比例较低,仅占总样本的 28.00%。知道该事件,且对鸡蛋购买有影响的样本有236 个,主要的影响表现是不购买土鸡蛋以及用其他鸡蛋替代土鸡蛋,影响周期 2 个月左右,说明该事件对鸡蛋市场的影响较小。

表 1-20 "土鸡蛋"事件对城镇居民畜产品购买的影响统计

省份	知道"土鸡蛋"事件(个)	"土鸡蛋"事件对购买鸡蛋有影响(个)	减少土鸡蛋购买量(个)	不购买土鸡蛋(个)	购买非土鸡蛋替代土鸡蛋(个)	购买其他畜产品替代鸡蛋(个)	其他影响(个)	影响周期(月)
北京 (N=615)	125	94	17	58	44	16	2	2.25
河北 (N=453)	174	142	42	90	39	41	3	1.88
总计 (N=1 068)	299	236	59	148	83	57	5	2.03

六、 主要结论

通过本次调研,了解了城镇居民家庭鸡蛋消费情况,尤其是对城镇居民鸡蛋质量安全的关注、鸡蛋购储行为、鸡蛋消费行为以及突发事件的影响进行了统计分析，主要有以下四个结论。

一是城镇居民对鸡蛋质量安全关注度较高，且对鸡蛋质量安全的评价不高，这与城镇居民对鸡蛋的预期高有关，虽然普通鸡蛋与品牌鸡蛋各有优点，但与城镇居民期望的鸡蛋仍有差距，尤其需通过提升蛋品品质满足消费者日益提升的需求，而且若存在城镇居民期望的鸡蛋，则其愿意支付相对较高的价格购买。

二是城镇居民家庭仍以普通鸡蛋消费为主，质量与营养相对更有保障的品牌鸡蛋也成为人们购买的主要品类。城镇居民鸡蛋购买频率较高，普通鸡蛋的购买频率要高于品牌鸡蛋，河北城镇居民家庭鸡蛋购买频率要低于北京。普通鸡蛋以及品牌鸡蛋最主要的购买渠道是超市、农贸市场、便利店等。调研到的样本大都以冰箱储存鸡蛋，仅有小部分样本采用常温储存。此外，品牌鸡蛋生产企业需要进一步提升，以提高城镇居民对品牌鸡蛋的满意度和忠诚度。

三是城镇居民家庭"每人每天一枚鸡蛋"已经实现，达到了中国居民营养膳食要求，而且人们对鸡蛋的消费倾向于"每人每天超过一枚鸡蛋"，这仅是户内消费，若考虑到户外消费，则城镇居民鸡蛋消费水平还会增加。城镇居民鸡蛋食用方式单一、传统，仍以水煮蛋、炒菜作为主要的鸡蛋食用方式，而且城镇居民鸡蛋加工品的消费品类也单一、传统，仍以卤蛋、鸡蛋干、皮蛋作为主要的加工蛋食用。

四是非洲猪瘟的暴发，影响了人们畜禽产品的消费，包括鸡蛋在内的畜禽产品对猪肉均有替代作用，但鸡蛋对猪肉的替代作用要小于牛肉、羊肉的替代作用。"土鸡蛋"事件未引起大的市场波动，人们对该事件的反应较小。

CHAPTER 2 第二章

城镇居民普通鸡蛋购买行为
影响因素分析*

  鸡蛋富含人体所需的多种营养物质，是我国居民获取动物蛋白的主要来源，在城乡居民的餐桌上占有重要位置。随着居民收入水平的提升，居民食品消费需求发生变化，鸡蛋消费整体提升的同时，鸡蛋产品也在逐渐丰富，品牌鸡蛋与普通鸡蛋的竞争日益激烈，作为居民生活必需品，尽管综合来看品牌鸡蛋品质要优于普通鸡蛋，但由于普通鸡蛋的价格优势，使得其在人们的鸡蛋消费中仍占主要地位。鉴于此，本章以城镇居民作为研究对象，拟从分析影响当前居民普通鸡蛋购买行为和消费量的因素入手，研究城镇居民普通鸡蛋购买行为特征，以期为提出促进鸡蛋消费

---

  * 发表于《中国家禽》2021年第3期。

的对策建议提供依据。

已有学者对居民鸡蛋购买行为进行了研究，鸡蛋购买行为影响因素方面：朱宁等发现家庭规模与鸡蛋消费呈现负向关系（朱宁等，2012）；卞琳琳等调查发现，在质量、便捷性、价格三个因素中，消费者更加看重鸡蛋的质量（卞琳琳等，2014）；李怡洁等从地域因素角度出发指出城区居民相较于郊区更青睐于高端品牌鸡蛋消费（李怡洁等，2012）；郭世娟等发现当前消费者受社会因素影响越来越大，如社会消费潮流、社会地位等（郭世娟，2017）。人们鸡蛋购买行为特征方面：于林宏等调查发现，鸡蛋消费以绿色、洁净、笼养、散称为主要趋势，居民对品牌鸡蛋接受程度较低（于林宏等，2017）；唐桠楠等调研发现鸡蛋边际消费倾向偏低，消费者当前更青睐通过奶制品补充蛋白质（唐桠楠等，2016）。鸡蛋消费市场研究方面：李宗泰等在调查后发现，尽管品牌鸡蛋发展势头迅猛，但仅占 1/4 市场份额，普通鸡蛋仍占多数（李宗泰等，2014）。就已有的研究来看，多数研究仅针对人们的鸡蛋购买行为的单一方面开展研究，未能将人们鸡蛋购买行为中的行为产生及行为效果结合研究。

基于以上的研究背景，本章以北京和河北部分地区城镇居民为例，利用实地调查数据资料，系统分析城镇居民普通鸡蛋购买行为。通过建立二元 logistics 模型分析哪些因素显著影响城镇居民家庭的普通鸡蛋购买行为，再利用分位数回归方法分析影响城镇居民家庭普通鸡蛋消费量的关键因素，在此基础上提出促进鸡蛋消费的对策建议。

一、城镇居民鸡蛋购买行为分析

由表 2-1 可知，北京与河北城镇居民在鸡蛋消费行为上存在差异，北京地区居民实际消费量更大，而河北地区居民消费倾向更大，这是由于两个地区经济水平、居民可支配收入存在差异所导致。购买鸡蛋用于送礼的比例，河北地区（26.25%）远高于北京地区（13.84%），河北地区消费者品牌鸡蛋送礼比例为北京地区的三倍，说明鸡蛋在河北地区居民的认知观念中价值更高，显示出鸡蛋具有一定的社交功能。两地区居民鸡蛋消费仍以普通鸡蛋为主，仅购买普通鸡蛋占 52%，而仅购买品牌鸡蛋占 18%，品牌鸡蛋消费水平较低。消费倾向体现出两地区居民无论对于普通鸡蛋还是品牌鸡蛋均有较大的潜在需求且河北高于北京，两地饮食习惯相近因此受限于价格收入因素可能性更大，下文通过数学模型进行具体分析。

表 2-1　城镇居民鸡蛋每日消费量统计

类别	省份	所有样本 (N=1 068) 消费量 (枚/日)	仅购买普通的样本 (N=564) 消费量 (枚/日)	仅购买品牌鸡蛋的样本 (N=196)		购买普通与品牌鸡蛋的样本 (N=308)	
				消费量 (枚/日)	送礼比例 (%)	消费量 (枚/日)	送礼比例 (%)
城镇居民消费量	北京	1.16	1.21	0.99	3.27	1.18	13.84
	河北	1.00	0.96	0.72	10.25	1.17	26.25
	总计	1.09	1.11	0.90	5.55	1.17	20.17
城镇居民消费倾向	北京	1.27	1.27	1.26	—	1.27	—
	河北	1.36	1.38	1.29		1.36	
	总计	1.31	1.32	1.27	—	1.31	—

二、 城镇居民购买行为影响因素分析

(一) 方法选择

本章选取 logistics 回归模型来分析城镇居民鸡蛋购买行为，该模型是以某一事件发生与否的概率 P 为因变量，以影响 P 的因素为自变量建立的回归模型，用来分析某事件发生的概率与自变量之间的关系。由于本章所涉及的解释变量是定性分类变量，不属于多元线性回归的基本假设，且被解释变量"城镇居民购买意愿"取值只有（购买＝1，不购买＝0）两种结果，因此选用二元 logistics 模型检验城镇居民普通鸡蛋购买意愿的影响因素。其具体的数学模型公式为：

$$\text{logistics}（p）= \ln\left(\frac{P}{1-P}\right)= \beta_0 + \beta_i \sum_{i=0}^{n} x_i + \varepsilon$$

$$(i=1, 2, 3, \cdots, n)$$

$$(2-1)$$

式中，p 为城镇居民购买普通鸡蛋的概率；$\frac{P}{1-P}$ 为城镇居民购买普通鸡蛋的概率和不选择购买普通鸡蛋的概率之比，定义为城镇居民选择购买普通鸡蛋的机会比率；ε 为随机误差项；系数 β_i 为自变量 x_i 对城镇居民普通鸡蛋购买行为的影响程度。

(二) 变量选择

根据消费者行为的基本理论，本章从以下五个方面选取影响城镇居民普通鸡蛋的购买行为的因素。此外本章为了区别北京和河北的城镇居民对普通鸡蛋的购买行为差异，引入了地区变量（*Region*）。

1. 经济因素

价格是影响人们购买行为的主要因素，不仅是商品本身价格影响购买行为的实现，而且替代品的价格也会影响购买行为。因此本章选取品牌鸡蛋价格（*Price*）与普通鸡蛋相近时是否购买品牌鸡蛋作为变量，观察价格优势消失情况下，消费者在普通鸡蛋和品牌鸡蛋之间的选择。根据消费经济理论和生活经验，消费者对商品的需求数量受到收入约束，通常居民的收入水平越高，消费水平越高，因此本章将引入城镇居民家庭的平均月收入水平（*Income*）作为自变量，分析收入水平对城镇居民普通鸡蛋购买行为的影响。房贷（*Loan*）作为当代人最普遍以及最重的经济压力之一，其影响着消费者可支配收入多少，因此本章引入房贷因素，考察经济压力是否对普通鸡蛋的购买行为产生影响。

2. 消费者的个体特征

王建华等发现消费者个体特征影响其对安全猪肉的购买意愿（王建华等，2018），吴春雅等发现消费者的性别、年龄和受教育程度因素对消费者网购地理标志农产品意愿与行为差异具有显著影响（吴春雅等，2019），因此本章也引入消费者个体特征因素来分析其在鸡蛋购买行为中的影响情况。消费者自身特征对购买行为具有显著影响，尤其是受访者性别、年龄、受教育程度。一般来说，男性对价格的敏感度低于女性消费者；消费者的文化教育程度越高，其对鸡蛋营养价值与胆固醇的认识更为透彻；目前年龄对普通鸡蛋的购买行为影响方向还不能确定。因此本章采用受访者性别（*Gender*）、年龄（*Age*）、受教育程度（*Edu*）作为影响普通鸡蛋购买行为的变量。

3. 家庭结构

消费者鸡蛋购买行为受到家庭结构特征的影响，如家中是否有孕妇、老人、儿童等。本章选择孕妇（*Pregnant*）、是否有老人（*Old*）和是否有儿童（*Children*）作为自变量，实证检验家庭结构差异对居民普通鸡蛋的影响方向及程度。

4. 消费者主观认知因素

该类因素包括对现有鸡蛋安全水平评价（*Safe*）、对营养均衡（*Nutrition*）以及对胆固醇的认知（*Health*）。消费者主观认知因素决定了其对购买产品的第一印象，而鸡蛋作为日常消费品，消费者主观的安全感知影响其购买行为。鸡蛋作为大众化营养食品，消费者对营养均衡在重视程度和对胆固醇的认知会一定程度影响其购买行为。

5. 消费者客观因素

各类因素包括食品安全事件影响、鸡蛋可追溯体系建设影响。消费者的购买行为会受到社会客观因素影响。口碑文化的盛行，导致社会事件会对产品消费产生影响，因此本章选择"土鸡蛋"食品安全事件对消费者影响程度（*Accident*）作为自变量。食品安全对购买行为有着明显影响，鸡蛋可追溯体系建设（*Trace*）是从社会层面增强鸡蛋质量安全的重要措施，有利于完善鸡蛋的标准化高质量生产，落实安全生产责任，理论上可以有效提升消费者信任。

（三）影响城镇居民普通鸡蛋购买行为的结果分析

本章运用 Eviews 10.0 对所获取的 1 068 份样本进行了 logistics 模型模拟，得到表 2-2 估计结果，似然比检验 *LR* 统计量对应的概率值是 0，说明模型是可以接受的，模型拟合较好，可以做进一步分析。

表 2 - 2　logistics 分析结果（$N = 1\,068$）

变量	赋值/单位	系数	S 检验	T 检验	P 值
C	—	1.215	0.078	15.427	0.000
Price	是＝1，否＝0	0.067	0.024	2.789	0.000
Income	元/人	−0.025	0.006	−4.219	0.000
Loan	有＝1，无＝0	−0.026	0.023	−1.160	0.246
Age	岁	−0.005	0.008	−0.609	0.542
Gender	男＝1，女＝0	0.017	0.021	0.820	0.411
Edu	小学及以下＝1，初中＝2，高中＝3，大专＝4，本科＝5，硕士＝6，博士＝7	0.002	0.010	0.270	0.786
Children	有＝1，无＝0	0.020	0.021	0.965	0.334
Old	有＝1，无＝0	0.047	0.022	2.092	0.036
Pregnant	有＝1，无＝0	−0.046	0.058	−0.793	0.427
Region	北京＝1，河北＝0	−0.027	0.024	−1.098	0.272
Safe	高＝1，低＝0	−0.028	0.015	−1.852	0.064
Health	高＝1，低＝0	0.013	0.021	0.593	0.552
Nutrition	高＝1，低＝0	−0.000	0.034	−0.005	0.995
Accident	有＝1，无＝0	0.080	0.024	3.285	0.001
Trace	是＝1，否＝0	−0.033	0.010	−3.252	0.001

从模拟结果看，在 $\alpha \leqslant 0.1$ 的水平下，显著影响城镇居民普通鸡蛋购买行为的因素有：价格因素、人均月收入、家庭中有老人、对鸡蛋的安全评价、食品安全事故的影响、鸡蛋可追溯体系建设。

经济因素中，价格因素在 1% 的检验水平下显著，说明若品牌鸡蛋降价也不会对普通鸡蛋购买行为造成较大冲击，居民仍然以购买普通鸡蛋为主。原因可能有，居民对品牌鸡蛋的认同感尚未形成、品牌鸡蛋的差异化不够明显、居民消费习惯尚未改变等。人均月收入因素呈现显著影响，表明当前普通鸡蛋消费量仍未饱和，随着居民收入水平的持续提高，普通鸡蛋消费将随之继续上升。房贷因素影响并不显著，普通鸡蛋消费作为家庭基础食品消费，受到家庭经济压力影响较小。

在家庭结构因素中，仅家中老人的影响因素显著，但家中有小孩和孕妇的因素不显著。老年人群体生活经验丰富，其对普通鸡蛋的营养价值有较深刻了解，同时传统饮食习惯也是导致老年人群体对鸡蛋偏爱的重要因素。而随着当前社会上专业营养品的增多，孕妇、小孩群体因口感、科学以及对多样化营养成分的需求，从而减少了对鸡蛋的消费行为。

消费者的主观认知因素中，对鸡蛋的安全评价因素影响显著则说明当前消费者对于食品质量十分重视，安全程度越高的产品越容易受到消费者青睐。同时也显示出，消费者对于市场上售卖的普通鸡蛋质量、生产卫生情况较为满意。

社会客观因素中，食品安全事故的影响、鸡蛋可追溯体系建设因素对鸡蛋购买行为显著影响，这也与安全评价因素显著影响形成呼应，突显出当前消费者对于鸡蛋的质量安全的关注程度，以及食品安全事件会对消费者信心造成巨大影响的后果，未来普通鸡蛋生产应当加强监管，进一步完善可追溯体系建设。

三、 城镇居民普通鸡蛋消费量影响因素分析

（一）方法选择

本章拟采用分位数回归方法对影响品牌鸡蛋消费量的因素进行定量分析，对影响城镇居民家庭购买普通鸡蛋数量的因素进行实证

分析。

分位数回归研究自变量与因变量的条件分位数之间的关系，相应得到的回归模型可由自变量估计因变量的条件分位数。相较于传统回归分析仅能得到因变量的中央趋势，分量回归可以进一步推论因变量的条件概率分布。利用分位数回归法，研究不同自变量强度下因变量（普通鸡蛋消费量）的可能趋势，以期得到自变量对被解释变量不同分位数的影响。

对于分位数回归而言，设随机变量 Y 的分布函数为 $F(y) = P(Y \leqslant y)$，则 Y 的第 τ 分位数可定义为：

$$Q(\tau) = \inf\{y: F(y) \geqslant \tau\} \qquad (2-2)$$

式中，$0 < \tau < 1$ 代表在回归线或回归平面以下的数据占全体数据的百分比，分位函数的特点是变量 y 的分布中存在比例为 τ 的部分小于分位数 $Q(\tau)$，而比例 $(1-\tau)$ 的部分大于分位数 $Q(\tau)$，y 的整个分布被 τ 分为两部分。对于任意的 $0 < \tau < 1$，定义"检验函数" $\rho_\tau(u)$ 为：

$$\rho_\tau(u) = \begin{cases} \tau u, & y_i \geqslant x_i'\beta \\ (1-\tau)u, & y_i < x_i'\beta \end{cases} \qquad (2-3)$$

式中，u 为反映检验函数的参数，而 $\rho_\tau(u)$ 表示被解释变量 y 的样本点处于 τ 分位以下和以上时的检验函数关系，假设分位数回归模型为：

$$y_i = x_i'\beta(\tau) + \varepsilon(\tau)_i \qquad (2-4)$$

在具体估计过程中可假定 $u = 1$，则对于 τ 分位数的样本分位数线性回归是求满足 $\min\sum\beta\rho_\tau[y_i - x'_i\beta(\tau)]$ 的解 $\beta(\tau)$，其展开式为：

$$\min\left\{\sum_{y_i \geqslant x'_i\beta(\tau)} \tau\,|\,y_i - x'_i\beta(\tau)\,| + \sum_{y_i \geqslant x'_i\beta(\tau)} (1-\tau)\,|\,y_i - x'_i\beta(\tau)\,|\right\}$$

$$(2-5)$$

在线性条件下，给定 x 后，y 的 τ 分位数函数为：

$$Q\ (\tau\,|\,x)\ = x'_i\beta\ (\tau) \qquad (2-6)$$

在不同的 τ 分位数下，可以得到不同的分位数函数。随着 τ 取值由 0 至 1，可得所有 y 在 x 上的条件分布轨迹，即一簇曲线，而不像 OLS 等方法只得到一条曲线。

（二）变量选择

借鉴相关普通鸡蛋消费量的研究对变量的选择（朱宁等，2012；于林宏等，2017），结合调研样本的情况，综合对城镇居民家庭普通鸡蛋购买行为影响因素的分析，本节从以下 6 个方面选取变量以及地区变量因素（Region）作为影响城镇居民家庭普通鸡蛋消费量的因素。

1. 经济因素

价格是影响人们消费量的主要因素，因此本章选取品牌鸡蛋价格（Price）与普通鸡蛋相近时是否购买品牌鸡蛋作为变量，观察价格优势消失情况下，消费者普通鸡蛋消费量是否下降。根据消费经济理论和生活经验，消费者对商品的需求数量受到收入约束，通常居民的收入水平越高，消费水平越高，但鸡蛋作为居民食品消费的刚性需求，收入水平高是否意味着鸡蛋消费量的一定高于收入水平低的人群尚需验证，因此本章将引入城镇居民家庭的平均月收入水平（Income）作为自变量，分析收入水平对城镇居民普通鸡蛋消费量的影响。上文分析结果中房贷（Loan）因素对购买行为影响并不显著，但对于消费量的影响仍需验证。

2. 消费者的个体特征

消费者的个体特征是其消费习惯形成的重要因素，如性别不同，对鸡蛋的摄入量也会产生差异；年老者可能由于对胆固醇的考虑，相对减少鸡蛋摄入量。因此本章采用受访者性别（*Gender*）、年龄（*Age*）、受教育程度（*Edu*）三个因素分析对普通鸡蛋消费量的影响。

3. 家庭结构

消费者鸡蛋消费量必然受到家庭结构特征的影响，如孕妇、儿童、老人均属于急需营养补充人群，影响家庭鸡蛋的采购量。本章选择孕妇（*Pregnant*）、是否有老人（*Old*）和是否有儿童（*Children*）作为自变量，实证检验家庭结构差异对居民普通鸡蛋消费量的影响。

4. 消费者主观认知因素

该类因素包括对现有鸡蛋安全水平评价（*Safe*）、对营养均衡（*Nutrition*）以及对胆固醇的认知（*Health*）。上文分析结果显示，主观认知因素中的安全评价对购买行为具有显著影响，营养均衡以及胆固醇认知不显著，但对于消费量是否有显著影响仍需检验。

5. 消费者客观认知因素

各类因素包括食品安全事件影响、鸡蛋可追溯体系建设影响。消费者的鸡蛋消费量会受到社会客观因素影响，因此本章选择"土鸡蛋"食品安全事件对消费者影响程度（*Accident*）作为自变量。上文分析结果显示食品安全对购买行为有着明显影响，因此继续分析鸡蛋可追溯体系建设（*Trace*）因素对于普通鸡蛋消费量的影响。

6. 购买类型（*Type*）

本章将样本分为仅购买普通鸡蛋和普通与品牌鸡蛋均购买的两

类群体。品牌鸡蛋与普通鸡蛋互为替代，由于两者在营养与价格上各占优势，影响消费者对鸡蛋的消费数量，因此本章选取该变量用以分析不同类型对同类产品消费量的影响。

（三）影响消费量因素结果分析

将数据代入 Eviews 10.0，根据数据分布情况，选择了以四分位数（低）、中位数（中）以及 3/4 位数（高）作为分位点进行分析。经验证，所得结果均通过了模型整体检验，能够支撑本项研究。下面就显著影响城镇居民普通鸡蛋消费量的因素进行具体分析（表 2-3）。

表 2-3　人均日购买量影响因素分析（$N=863$）

指标	$Q=0.25$	$Q=0.50$	$Q=0.75$
C	-2.259^{***}	-1.196^{***}	-0.215
$Price$	-0.295^{***}	-0.102^{*}	-0.014
$Income$	0.000	-0.009	-0.017
$Loan$	0.044	0.068	0.054
$Age^{\#}$	0.416^{***}	0.230^{**}	0.117
$Gender$	0.078	0.080^{*}	0.047
Edu	0.040	0.007	0.010
$Children$	-0.163^{***}	-0.131^{***}	-0.130^{***}
Old	-0.209^{***}	-0.192^{***}	-0.213^{***}
$Pregnent$	0.354^{**}	0.036	0.292
$Region$	0.153^{**}	0.109^{*}	0.196^{***}
$Safe$	-0.002	0.027	-0.007
$Health$	0.090	0.128^{***}	0.085^{*}
$Nutrition$	0.379^{**}	0.358^{***}	0.114
$Accident$	-0.034	0.027	-0.025
$Trace$	-0.033	-0.034	-0.003
$Type$	-0.526^{***}	-0.279^{***}	-0.276^{***}

注：*、**、*** 分别代表在 10%、5%、1% 水平上显著，变量中标有 # 的为进行对数处理。

总体来说，三处分位点上呈现显著影响的因素存在差异，其中中低分位点显著因素较多、中位数处最多、高分位点最少，说明普通鸡蛋高消费量人群较少受到各种因素影响，可能对鸡蛋具有特殊需求，因此中低消费量人群更能反映城镇居民日常食用鸡蛋的情况。

从经济因素来看，收入因素与品牌鸡蛋价格影响因素实际反映的是消费者的购买力水平。综合三处分位点分析来看，收入因素对于城镇居民普通鸡蛋消费量没有显著影响，目前的收入水平已足够保障城镇居民对于普通鸡蛋的需求；品牌鸡蛋价格因素在中低位消费量上影响显著，在高消费量上同样不显著，其系数为负代表其对普通鸡蛋消费量具有反向影响。因此可以看出两个因素在鸡蛋低消费量上的显著，而在高消费量上不显著，与居民是否将鸡蛋作为家庭基础食品有关。高消费量群体将普通鸡蛋作为家庭基础食品，刚性需求大，因此即使收入受到一定影响或品牌鸡蛋价格降低也不影响其对普通鸡蛋的高需求。低消费量群体由于本身对普通鸡蛋日常消费少，更容易受到收入变化和有替代作用的品牌鸡蛋价格下降影响。

在家庭结构上的两个变量（儿童、老人）与消费者个体特征中的年龄因素有一定关联，因此进行综合分析。结果显示，受访者年龄因素、儿童因素和老人因素对于普通鸡蛋消费量均具有显著影响。其中，受访者年龄因素在中低分位上正向显著，儿童因素和老人因素在三处分位点均以 1% 的水平显著。根据样本数据基本信息，受访者年龄结构以青年与中年为主，此类人群在低分位的正向显著代表其食用鸡蛋以适量为原则。儿童与老人因素在所有消费量水平上显示，普通鸡蛋作为家庭基础营养品仍是儿童与老人营养补充的重要来源。同时家庭结构因素中的孕妇因素在低分位上以 5％的水平显著，中高分位上不显著，说明孕妇群体食用鸡蛋较为科学，以适量为主。

地区因素在三处分位点均具有显著影响，高分位点最为明显，该结果表明北京地区居民对普通鸡蛋的消费量高于河北地区居民。北京地区经济较为发达，对鸡蛋需求量大；信息流通更为发达，利于居民加深对普通鸡蛋的科学认知，从而提高消费量；物流以及售卖环境更为便捷，也有利于提高消费量。

消费者主观认知因素中，健康因素和营养均衡因素均在中分位上以 1％的水平呈现正向显著，说明一般消费量人群更为在乎鸡蛋对人体健康及营养均衡的作用。同时健康因素在高分位、营养均衡在低分位均以 10％水平显著，说明高消费量人群注重健康但营养来源更广，普通鸡蛋难以满足。

购买类型变量在三处分位点均负向显著，体现出消费者日常消费中更倾向于仅购买普通鸡蛋，而普通鸡蛋和品牌鸡蛋均购买较少。虽然目前消费者对普通鸡蛋和品牌鸡蛋十分认可，但是当前普通鸡蛋与品牌鸡蛋给予消费者体验差别不大，实际消费行为中，消费者对鸡蛋的选择相对灵活。

四、 研究结论与对策建议

综合来看，仅价格因素对城镇居民普通鸡蛋的购买行为与消费量均产生显著影响，其他产生显著影响的因素均不相同，说明城镇居民普通鸡蛋的购买行为与消费量存在差异。对购买行为影响显著因素主要为人均月收入、家庭中有老人、对鸡蛋的安全评价、食品安全事故的影响、鸡蛋可追溯体系建设，可以看出购买行为更多受到消费者主客观认知因素的影响；而对消费量产生显著影响的因素为年龄、孩子、老人、地区、胆固醇认知、营养、鸡蛋类型，主要体现为受家庭结构影响以及对营养的追求。购买行为与消费量影响因素的不同，说明购买主力与食用主力为不同群体，再结合受访群体基本特征，可以得出在普通鸡蛋消费中由中青年负责为家庭采购，老年和儿童为主要食用主力。中青年受认知因素形成对普通鸡蛋的消费偏好，但在购买数量上更多地受到家庭成员年龄结构的影响。

通过上文对城镇居民普通鸡蛋购买行为的研究，得到以下结论，影响城镇居民普通鸡蛋的购买行为与消费量的因素不同，提升普通鸡蛋消费应从改善消费者认知与提高普通鸡蛋营养价值两个角度出发。根据以上的研究结论，提出以下两点促进鸡蛋消费的对策建议。

（一）加强鸡蛋安全体系建设与宣传

消费者认知因素对普通鸡蛋购买行为影响最为显著，因此提升消费者对普通鸡蛋的认知有利于购买行为的增加。在进一步完善鸡蛋可追溯体系的同时，加强对鸡蛋生产安全建设重要性的宣传，提升居民对鸡蛋安全信心。一方面，生产者应将可追溯标签添加到每一枚鸡蛋上，增强消费者直观感受。借助网络平台如直播带货，提高消费者对鸡蛋生产的了解也有助于消费者对产品信心的提高。另一方面，有关监管部门在完善鸡蛋安全认证体系建设时还应当提高鸡蛋安全认证机构的公信力，推动标准化示范基地建设。同时，还可以通过建立推广生态家禽饲养提升鸡蛋生产绿色化程度，符合绿色低碳消费潮流，提升消费者好感度。

（二）深化普通鸡蛋供给侧结构性改革

供给侧结构性改革便是要求产品围绕市场需求生产，打造需求为导向的供给体系。从消费量模型分析结果来看，家庭结构和追求营养对消费量有着重要作用。因此，未来普通鸡蛋产品需要转型升级，发挥自身特色、细分市场，针对不同人群开发产品，更加贴近市场需求。如，针对老年人"三高"、儿童成长、中年人亚健康等特点，综合营养与口感开发新产品；加大科研投入力度，研发新品种蛋鸡。将提高鸡蛋质量水平放在首位，为消费者提供良好的购买体验。

第三章

城镇居民品牌鸡蛋购买行为
影响因素分析*

　　鸡蛋在人们的日常食品消费结构中占据重要地位，其营养价值及食用安全性逐渐成为人们关注的焦点问题，品牌鸡蛋俨然已经成为鸡蛋高品质以及质量保障的代名词，逐渐成为人们主要的鸡蛋消费品类（李莎莎等，2018）。近年来，我国鸡蛋品牌不断涌现，这意味着鸡蛋市场竞争方式正在从价格竞争开始向品牌竞争转变。另外一些食品安全事件的发生，使得消费者更加注重选择有质量安全保证的品牌产品（李怡洁等，2012）。因此，有必要对人们品牌鸡蛋购买行为进行分析，既有助于对品牌鸡蛋生产者、供应者以及销售商面对日趋激烈的消费市场制定更加有效的策略（丁悦等，2011），

---

　　* 发表于《时代经贸》2021年第2期。

又能够有效拓宽品牌鸡蛋的消费市场。

当前，已有很多专家学者对我国居民的鸡蛋消费问题进行了研究。在鸡蛋消费特征方面，有学者发现不同区域的居民在人均鸡蛋消费量、鸡蛋购买频率和鸡蛋购买渠道上会出现显著的差异（丁悦等，2011；林竟雨等，2012）。在鸡蛋消费行为方面，有学者通过采用计量经济模型和调研数据分析，研究发现影响城镇居民鸡蛋消费行为的因素有质量、便捷性和价格，其中消费者更加看重鸡蛋的质量（卞琳琳等，2014）。随着品牌化产品的深入，对品牌鸡蛋消费问题的研究也开始增多。在品牌鸡蛋购买意愿方面，有学者指出城镇居民对品牌鸡蛋的购买意愿很强，但实际转化为购买行为还受到消费者收入以及对品牌鸡蛋认知等方面的影响（秦新等，2019）。在品牌鸡蛋的消费行为研究中，鸡蛋属性和品牌效应也会直接影响消费者对品牌鸡蛋的购买，并且品牌效应还通过影响鸡蛋属性间接影响消费（秦新，2019；王珊等，2020）。除此之外，还有学者研究鸡蛋的品牌转化行为，发现消费者对鸡蛋品牌转化行为的影响因素有消费者对食品安全、品牌鸡蛋属性的认知及消费者的鸡蛋消费习惯等（马骥等，2018）。从已有的研究来看，多数学者研究了品牌鸡蛋的消费特征或者对品牌鸡蛋是否购买的影响因素做了实证分析，缺乏对城镇居民品牌鸡蛋购买量的实证分析。

基于以上研究背景，本章系统分析了城镇居民品牌鸡蛋购买行为，具体将通过建立计量经济模型分析影响城镇居民家庭是否购买品牌鸡蛋的关键因素，再利用分位数回归方法分析影响城镇居民家庭品牌鸡蛋日人均购买量的因素，在此基础上提出促进品牌鸡蛋消费及发展的策略及相关政策措施。

一、 数据基本情况

由表 3-1 可知，购买过品牌鸡蛋的样本有 504 个，占总样本的 47.17%；仅购买品牌鸡蛋的样本达到了 196 个，占总样本的 18.34%；既购买品牌鸡蛋又购买普通鸡蛋的样本共 308 个，占总样本的 28.83%。由此可以看出，品牌鸡蛋在鸡蛋消费市场的潜力以及占据的地位。此外品牌鸡蛋的价格与普通鸡蛋的价格差距相对较大，城镇居民的购买品牌鸡蛋和普通鸡蛋的数量上也存在一定的差别。最后从表中还可以看出北京市和河北省城镇居民在品牌鸡蛋购买频率、购买金额和购买量上都有很大的差别。

表 3-1　城镇居民品牌鸡蛋购买基本情况统计

| 省份 | 总体样本购买量（N=1 068） | | | | 仅购买品牌鸡蛋（N=196） | | | | |
	样本（个）	频率（天/次）	购买量（千克/次）	主要购买地(区域)	样本（个）	频率（天/次）	购买量（千克/次）	金额（元/次）	均价（元/千克）
北京	615	8.88	1.87	超市	132	9.10	1.70	40.24	23.67
河北	453	11.11	1.88	超市	64	13.83	1.92	40.61	21.15
总体	1 068	9.83	1.87	超市	196	10.64	1.77	40.36	22.80

| 省份 | 购买普通鸡蛋与品牌鸡蛋（N=308） | | | | | | | | | |
| | 普通鸡蛋 | | | | | 品牌鸡蛋 | | | | |
	样本（个）	频率（天/次）	购买量（千克/次）	金额（元/次）	均价（元/千克）	样本（个）	频率（天/次）	购买量（千克/次）	金额（元/次）	均价（元/千克）
北京	151	11.04	1.53	14.48	9.47	151	37.61	1.73	39.83	23.02
河北	157	11.15	1.58	13.92	8.79	157	56.33	2.54	51.54	20.29
合计	308	11.10	1.56	14.20	9.11	308	47.15	2.14	45.80	21.40

二、 影响城镇居民购买品牌鸡蛋的因素分析

(一) 模型选择

Logit 回归模型是以某一事件发生与否的概率 P 为因变量，以影响 P 的因素为自变量建立的回归模型，用来分析某事件发生的概率与自变量之间的关系。由于本章所涉及的解释变量是定性分类变量，且被解释变量"城镇居民是否购买"取值只有（购买＝1，不购买＝0）两种结果，因此选用二元 Logit 模型检验城镇居民是否购买品牌鸡蛋的影响因素。具体的数学模型公式为（朱宁等，2015）：

$$\text{Logit}(p) = \ln\left(\frac{P}{1-P}\right) = \beta_0 + \beta_i \sum_{i=0}^{n} x_i + \varepsilon \quad (3-1)$$

$$(i = 1, 2, 3, \cdots, n)$$

式中，p 为城镇居民消费者购买品牌鸡蛋的概率，$\dfrac{P}{1-P}$ 为城镇居民消费者购买品牌鸡蛋的概率和不购买品牌鸡蛋的概率之比，定义为居民选择购买品牌鸡蛋的机会比率。本模型中系数 β_i 为自变量 x_i 对居民消费者品牌鸡蛋购买的影响程度，ε 为随机误差项。

(二) 变量选择

根据消费行为理论，选取了城镇居民的个人特征及家庭特征、消费认知与习惯、价格因素以及收入因素四类变量（刘梅等，

2013)。此外本章为了区别北京和河北的城镇居民对品牌鸡蛋的消费选择，引入了地区变量。

1. 个人特征及家庭结构

城镇居民是否购买品牌鸡蛋可能会受到个人特征和家庭结构的影响。一般来说，男性和女性对于产品价格的敏感度是不同的，男性通常对日常消费品不做过多关注，因此消费意愿可能低于女性。不同年龄段的人对品牌的认知度也是不一样的，另外消费者的文化水平越高对品牌的认可度可能会越高。家中有老人或者小孩的城镇家庭可能会更倾向于品牌的产品、质量好的产品。

2. 消费认知与习惯

城镇居民对鸡蛋的认知程度会对其是否购买品牌鸡蛋有一定的影响，因此本章将消费者是否喜欢功能性强的鸡蛋问题、是否关注产品的可追溯问题以及是否关注胆固醇问题变量引入模型。根据消费经济理论，消费者购买某一产品，跟自身的消费习惯有一定的关系，因此本节引入购买鸡蛋的频率进一步分析。

3. 价格因素

根据消费行为理论，消费者对某件产品的购买量会受产品自身价格的影响，因此将品牌鸡蛋价格是否合理引入模型中，可以推断出价格对品牌鸡蛋消费量的影响程度。

4. 收入因素

居民在消费时喜欢追求效用最大化，收入对于居民消费有很大的约束能力。通常来说，居民收入高，消费能力就高，就会追求高品质的产品，但是也有学者认为，鸡蛋属于缺乏弹性的商品，是居民生活的必需品，因此收入的高低与购买何种类型影响不大，因此，本章将收入作为一个变量，实证分析收入对购买品牌鸡蛋的影响。

（三）基于 logit 模型的实证分析

本章运用 Eviews 10.0 统计软件对调研数据进行了 Logit 回归处理。模型通过了整体显著性检验，能够支撑本研究。由表 3－2 可以知道，影响城镇居民消费者购买品牌鸡蛋行为的显著因素有年龄、家庭成员是否有未成年、家庭人口数、是否喜欢购买功能性强的鸡蛋、是否关注可追溯问题、是否介意食用鸡蛋胆固醇增加以及购买鸡蛋的频率。

表 3－2　模型运行结果（N＝1 068）

变量名称	赋值/单位	Coefficient	Std. Error	Z-Statistic	Prob.
Gender	男＝1，女＝0	−0.16	0.14	−1.11	0.27
Age[#]	岁	−0.89	0.26	−3.37	0.00
Education	小学及以下＝1，初中＝2，高中或中专或技校＝3，大专＝4，本科＝5，硕士＝6，博士＝7	0.11	0.07	1.64	0.10
Population[#]	人/户	−0.57	0.24	−2.34	0.02
Children	是＝1，否＝0	0.46	0.15	3.03	0.00
Old	是＝1，否＝0	0.21	0.16	1.34	0.18
Function	是＝1，否＝0	0.32	0.17	1.90	0.06
Trace	是＝1，否＝0	0.42	0.07	6.35	0.00
Cholesterol	是＝1，否＝0	−0.51	0.15	−3.48	0.00
Frequency[#]	天/次	0.45	0.13	3.50	0.00
Price	是＝1，否＝0	0.27	0.22	1.23	0.22

（续）

变量名称	赋值/单位	Coefficient	Std. Error	Z-Statistic	Prob.
Income	0～5 000 元＝1, 5 001～10 000 元＝2, 10 001～200 00 元＝3, 20 000 以上＝4	0.07	0.06	1.23	0.22
Region	北京＝1, 河北＝0	−0.05	0.17	−0.29	0.77
C	—	1.01	1.16	0.88	0.38

注：变量中标有♯的都取对数处理。

从总体的模拟结果看：①城镇居民消费者年龄、家庭人口数以及是否关注胆固醇问题对城镇居民家庭是否购买品牌鸡蛋具有显著的负向影响。消费者的年龄越大，可能对品牌的关注度会降低，年龄越小的对品牌化的产品比较倾向。消费者家庭人口居多，品牌鸡蛋的价格较高承担不起，更加倾向于普通鸡蛋。食用鸡蛋可能会出现胆固醇增加，因此可能会影响消费者的购买行为。②城镇居民消费者家中是否有未成年、是否喜欢功能性强的鸡蛋、是否关注可追溯问题以及购买频率对其购买行为产生正向影响。有未成年的家庭，越重视膳食营养搭配和食品的安全，会更关注品牌化的产品。众所周知，品牌鸡蛋可能营养价值更高，功能性较强，因此习惯购买功能性强的产品的消费者也会更倾向于购买品牌鸡蛋。品牌鸡蛋大都是有直接的生产厂家，居民如果发现任何问题都能够找到可以维权的地方，因此会愿意相信品牌鸡蛋。

从显著的影响因素间的比较看，年龄、家庭人口、胆固醇问题、是否可追溯以及是否喜欢功能性强的鸡蛋这几个变量对城镇居民是否购买品牌鸡蛋的影响程度都较高。

值得注意的是，收入和价格合理两方面因素在统计检验中并不显著，尤其收入因素的实际影响程度也不高。这可能由于鸡蛋属于日常必需品，高收入群体也并未关注到品牌鸡蛋，但是价格合理因素的实际影响程度相对较高，城镇居民觉得价格合理才会购买品牌鸡蛋。

三、 城镇居民品牌鸡蛋日人均购买量的影响因素实证分析

（一）模型选择

本节采用分位数回归方法对影响品牌鸡蛋消费量的因素进行定量分析，对影响城镇居民家庭购买品牌鸡蛋数量的因素进行实证分析。通常所用的 OLS 方法仅是在均值意义上的回归，会忽略被解释变量不同分位数存在的差异，而本章中使用分位数回归方法的一个优点是自变量对被解释变量整体分布中各分位点的影响情况十分清晰。

对于分位数回归而言，设随机变量 Y 的分布函数为 $F(y) = P(Y \leqslant y)$，则 Y 的第 τ 分位数可定义为：

$$Q(\tau) = \inf\{y: F(y) \geqslant \tau\} \qquad (3-2)$$

式中，$0 < \tau < 1$ 代表在回归线或回归平面以下的数据占全体数据的百分比，分位函数的特点是变量 y 的分布中存在比例为 τ 的部分小于分位数 $Q(\tau)$，而比例 $(1-\tau)$ 的部分大于分位数 $Q(\tau)$，y 的整个分布被 τ 分为两部分。对于任意的 $0 < \tau < 1$，定义"检验函数" $\rho_\tau(u)$ 为：

$$\rho_\tau(u) = \begin{cases} \tau u, & y_i \geqslant x_i'\beta \\ (1-\tau)u, & y_i < x_i'\beta \end{cases} \qquad (3-3)$$

式中，u 为反映检验函数的参数，而 ρ_τ (u) 表示被解释变量 y 的样本点处于 τ 分位以下和以上时的检验函数关系，假设分位数回归模型为：

$$y_i = x'_i \beta \ (\tau) + \varepsilon \ (\tau)_i \qquad (3-4)$$

在具体估计过程中可假定 $u=1$，则对于 τ 分位数的样本分位数线性回归是求满足 $\min \sum \rho_\tau [y_i - x'_i \beta(\tau)]$ 的解 $\beta(\tau)$，其展开式为：

$$\min \left\{ \sum_{y_i \geqslant x'_i \beta(\tau)} \tau |y_i - x'_i \beta(\tau)| + \sum_{y_i \geqslant x'_i \beta(\tau)} (1-\tau) |y_i - x'_i \beta(\tau)| \right\}$$

$$(3-5)$$

在线性条件下，给定 x 后，y 的 τ 分位数函数为：

$$Q \ (\tau | x) = x'_i \beta \ (\tau) \qquad (3-6)$$

在不同的 τ 分位数下，可以得到不同的分位数函数。随着 τ 取值由 0 至 1，可得所有 y 在 x 上的条件分布轨迹，即一簇曲线，而不像 OLS 等方法只得到一条曲线。

（二）变量选择

本节主要研究的是影响城镇居民品牌鸡蛋购买量的主要因素，因此将城镇居民的品牌鸡蛋日人均购买量作为被解释变量。在上一节影响城镇居民是否购买品牌鸡蛋的因素中又加入了替代品购买量以及鸡蛋购买类型。本部分的样本为统计数据中购买品牌鸡蛋家庭。

替代品购买量。肉蛋奶类食品都是富含营养的食物。根据替代效应理论，其他肉类、奶制品等食物的价格会影响城镇居民购买品牌鸡蛋，居民购买肉类和奶制品的数量也会在一定程度上影响对品牌鸡蛋的购买量，因此本章引入消费者对畜禽肉和奶制品的购买量作为解释变量，进行分析研究。另外，在购买类型上面，有些城镇居民仅购买品牌鸡蛋，有些城镇居民既购买品牌鸡蛋又购买普通鸡蛋，普通鸡蛋在一定程度上影响着城镇居民品牌鸡蛋的购买量，因此本章引入购买类型变量，具体分析。

（三）基于分位数回归方法的实证分析

根据以上变量和获得的数据，利用 Eviews 10.0 软件进行城镇居民品牌鸡蛋购买量影响因素的模型估计，分位数模型对数据拟合结果较好，估计结果具体如表 3-3 所示。下面就显著影响城镇居民品牌鸡蛋人均日购买量的因素进行具体分析。

表 3-3　分位数回归结果 ($N=504$)

变量	赋值/单位	OLS	0.2	0.5	0.8
C	—	1.50	0.00	0.99	1.85
Gender	男=1，女=0	−0.09	−0.01	−0.06	−0.06
Age#	岁	0.14**	0.07	0.16**	0.18*
Education	本科及以上=1，其他=0	0.03	0.04*	0.03	0.03
Population#	人/户	−0.65***	−0.14*	−0.52***	−0.74***
Children	是=1，否=0	0.08	0.01	0.00	0.05
Old	是=1，否=0	0.03	−0.01	−0.03	0.04
Function	是=1，否=0	0.11***	0.14***	0.18***	0.17***
Cholesterol	是=1，否=0	−0.05	−0.02	−0.09*	−0.06
Frequent#	天	−0.43***	−0.09***	−0.30***	−0.45***
Type	仅购买品牌鸡蛋=1，购买品牌鸡蛋和普通鸡蛋=0	0.49***	0.54***	0.56***	0.54***

（续）

变量	赋值/单位	OLS	0.2	0.5	0.8
Trace	是＝1，否＝0	−0.01	0.03	0.00	0.03
Milk	500 克/人	−0.02	−0.01	−0.02	−0.03***
Meat	500 克/人	0.03	0.05	0.04	0.06**
Price	是＝1，否＝2	0.13**	0.08***	0.07*	0.02*
Income	0～5 000 元＝1，5 001～10 000 元＝2，10 001～20 000 元＝3，20 000 以上＝4	0.03	0.01	0.04***	0.03*
Region	北京＝1，河北＝0	0.11***	0.22***	0.13***	0.22**

注：变量中标有♯的都取对数处理；*、**、***分别表示统计量在10％，5％，1％水平上显著。

从回归结果看，年龄对品牌鸡蛋购买量有显著正向影响。原因可能是随着年龄的增加，城镇居民对于食品的质量有了更高的要求，但与是否购买方向相反，因此仍需要进一步深入分析。由于品牌鸡蛋价格略高于普通鸡蛋，因此家庭总人口数对品牌鸡蛋的购买量有显著负向影响。通过消费行为理论，消费者愿意购买某一产品，一定是对这种产品认可。城镇居民生活水平普遍较高，追求的食物也更加多元化。因此居民喜欢功能性强的鸡蛋对其购买量也是显著正向影响。食用鸡蛋可能会出现胆固醇增加，城镇居民大都生活工作压力较大，往往会注意身体健康问题，因此越是注意这方面的人，对于鸡蛋的购买量可能就会减少，胆固醇这一变量对于购买行为产生了负向显著影响。购买鸡蛋的类型呈现显著正向影响，仅购买品牌鸡蛋的群体在品牌鸡蛋的购买量上一定会高于购买普通鸡蛋的消费量。但是这也表示，普通鸡蛋仍然占据着大部分的鸡蛋消费市场。消费者的收入水平对城镇居民的品牌鸡蛋的购买量有显著影响。一般来说，低收入家庭比高收入家庭在面对收入和价格变化时，通常要对相关农产品做出更大调整。不同家庭的收入水平不同，品牌鸡蛋购买量之间也存在差别。可以发现收入这一变量因素是呈显著正向影响的。品牌鸡蛋属于相对高档的食品，随着收入的增加，对品牌鸡蛋的购买量也会增加。区域因素对品牌鸡蛋购买量有显著正向影响。北京较河北来说比较发达，居民接触品牌鸡蛋更容易，北京城镇居民的品牌鸡蛋消费量高于河北城镇居民，这与品牌鸡蛋宣传力度、地域环境差异以及售卖条件等都有关系。

在不同消费水平上，城镇居民对品牌鸡蛋的购买结构影响因素存在差异。城镇居民的年龄对品牌鸡蛋购买量的影响随着购买量的提高而增加，年龄对品牌鸡蛋购买量高的家庭影响更大。家庭人口对城镇居民品牌鸡蛋的购买量也是随着购买量的提高而增加，且呈负向影响。人口数越多的家庭，品牌鸡蛋人均日购买量就会越少。鸡蛋是否具有功能性对于品牌鸡蛋的购买量在各个分位数下都是显著正向影响的，且在中分位数下影响最大。购买频率在各个分位数下都是显著负向影响的，且影响程度也是随购买量增加而增加。购买频率越高，人均日购买量可能就会下降。购买类型在各个分位数下的影响程度相差不大，且都为显著正向影响。仅购买品牌鸡蛋的家庭必然在品牌鸡蛋的购买量上高于也购买普通鸡蛋的城镇居民。奶制品的购买量在高分位数下对品牌鸡蛋购买量显著负向影响，肉类食品则刚好相反，在高分数下对品牌鸡蛋购买量显著正向影响，但影响程度并不高。城镇居民认为品牌鸡蛋价格合理，对品牌鸡蛋的购买量也会增加。收入因素在中分位数下影响程度最大，鸡蛋属于日常品，因此收入在高消费量群体中并不是最显著的。北京与河北城镇居民在收入水平以及品牌鸡蛋购买便利程度等方面都存在差异，因此区域因素在各个分位点上都存在显著影响，且在高消费量上影响程度最大。

四、 研究结论与政策建议

本章首先通过运行 logit 模型实证分析影响城镇居民消费者是否购买品牌鸡蛋的因素，结果发现消费者年龄以及家庭结构对是否购买品牌鸡蛋有显著的影响。是否关注鸡蛋功能性以及胆固醇问题影响程度都相对较大。然后本章应用分位数回归分析品牌鸡蛋消费量的影响因素，得到了不同分位点下影响品牌鸡蛋购买量的具体因素。结果显示，消费者年龄、家庭人口数、鸡蛋功能性问题、购买频率以及品牌鸡蛋价格合理在各个分位数下都显著。

对生产企业的建议：

一是增强品牌鸡蛋功能性。现在人们越来越注意养生，对于产品给身体带来的影响也越来越重视，因此品牌鸡蛋生产企业在产品上应该更加注意其营养价值情况以及安全性情况。除此之外，需要针对现阶段中老年人关注的"三高"问题等，对食用鸡蛋会增加胆固醇这一问题应该重点考虑，要多宣传一些可以降低胆固醇的食用方法，让消费者更倾向购买。

二是适当调整价格。品牌鸡蛋价格相对普通鸡蛋价格较高，品牌鸡蛋生产企业应适当降低品牌鸡蛋的价格，比如可以在包装上设计得简约一些以减少成本，或者对品牌鸡蛋进行价格分级，灵活制定价格，这样可以方便不同需求的消费者进行选购，以便扩大品牌鸡蛋的市场。

三是提高保障及加大品牌宣传。近些年，食品安全事故频频发生。消费者更愿意选择产品质量有保障的生产企业，因此生产厂家要做好产品质量信息的全程可追溯，让居民消费者认可品牌鸡蛋。在消费者购买品牌鸡蛋的购买量上，北京和河北有显著不同。北京的消费量明显高于河北，因此品牌鸡蛋生产厂家应该多渠道多角度传递信息给消费者，让更多地区的居民能够了解到品牌鸡蛋。

对政府的建议：

一是予以生产企业价格补贴。价格高是品牌鸡蛋市场难以超越普通鸡蛋的原因之一。政府可以对一些品牌鸡蛋企业进行重点扶持，对品牌鸡蛋生产企业进行补贴来降低品牌鸡蛋的价格。另外，生产监管部门要严格把控品牌鸡蛋价格，避免价格过高从而扰乱鸡蛋市场的秩序。

二是加大品牌鸡蛋的宣传力度。很多人可能觉得品牌鸡蛋同普通鸡蛋一样，没有过多的好处，对其营养价值和安全性等都了解得不多，因此政府要向消费者尤其向老年人群体宣传品牌鸡蛋的功能性，加大消费者对其了解和接受程度，让消费者接触品牌鸡蛋，进而使得品牌鸡蛋产业可持续地发展。

第四章

胆固醇认知对城镇居民鸡蛋
食用量的影响[＊]

胆固醇认知对城镇居民鸡蛋食用量的影响[＊]

鸡蛋为人们提供了物美价廉的动物蛋白以及丰富的维生素、矿物质（阮光锋，2018），有效改善了人们的膳食结构。随着收入水平和生活质量的不断提升，人们对鸡蛋食用安全问题越发重视，尤其是鸡蛋作为高胆固醇食品（每枚鸡蛋含胆固醇 200～300 毫克）（徐亦驰等，2020），"鸡蛋食用导致人体胆固醇增加，是否会引发心血管疾病"的问题一直是人们关注的焦点，同时也是学界研究的热点，已有研究仍没有充分的证据证明食用鸡蛋会引发心血管疾病（Nakamura Y et al.，2006；杨芳等，2010；Rueda J M et al.，2013；Lexander D D et al.，2016）。正因为如此，英国 2009 年放宽了

＊　录用于《中国农业资源与区划》。

有关"每周摄入鸡蛋不超过3枚"的长期建议（Dimarco D M et al.，2017），美国心脏协会2013年也取消了有关健康人群对饮食胆固醇与鸡蛋的消费限制（Lemos B S et al.，2018），而且美国于2015年在居民膳食指南中取消了膳食胆固醇上限，我国膳食指南也取消了"膳食胆固醇＜300毫克/天"的推荐。吃多少鸡蛋不超量以及不引发疾病？有学者认为每天吃1枚鸡蛋不会造成健康隐患（Lemos B S et al.，2018），还有学者研究发现长期每天吃2～3枚鸡蛋的人，血脂水平和动脉硬化发生率未见升高（Gray J et al.，2009；Rueda J M et al.，2013；Eckel R H et al.，2014；Lexander D D et al.，2016；刘政，2016；Dimarco D M et al.，2017；Lemos B S et al.，2018）。当然，也有学者研究认为鸡蛋摄入量与心血管疾病的关联呈现U形关系，吃鸡蛋过多或过少均不利于心血管健康，其中，每周吃3～6枚鸡蛋的人，心血管疾病患病率最低（Xia X et al.，2020）。那么，人们目前的鸡蛋食用量是多少？人们认为合理的食用量及实际的食用量是否有差异？人们对鸡蛋胆固醇持什么态度？胆固醇认知是否显著影响人们的鸡蛋食用量？已有学者对城镇居民鸡蛋的食用量或消费量做了实证分析（朱宁等，2012；朱宁等，2015），但对后三个问题的研究鲜有涉及。鉴于此，本章以城镇居民鸡蛋食用为例，在探清消费者鸡蛋食用量及对鸡蛋胆固醇态度与看法的基础上，探讨消费者视角的胆固醇认知对鸡蛋食用量的影响，进而引导消费者科学购买及食用鸡蛋。

一、　数据基本情况

调研地区的城镇居民基本上实现了每人每日食用一枚鸡蛋（表

4-1），其中，仅购买品牌鸡蛋的样本人均每日的食用量还达不到一枚鸡蛋，但该人群收入水平较高，大都倾向于选择肉类、水产品作为动物蛋白的主要来源。与鸡蛋实际食用量相比，调研到的样本目前还未达到认为的最合理的食用量，尤其是仅购买品牌鸡蛋的人群。

就城镇居民鸡蛋合理与实际食用量的差值来看，仅有2.43%的样本合理与实际食用量一致，表明能做到知行合一的城镇居民较少，97.57%的样本合理与实际食用量有差值，且一般合理食用量要高于实际食用量，这可能与城镇居民其他畜产品及水产品的食用量较多有关。就不同区域的比较来看，北京城镇居民鸡蛋食用量要高于河北，而河北城镇居民认为的合理的鸡蛋食用量要高于北京，这也导致了河北城镇居民合理食用量与实际食用量的差值要明显高于北京。

总的来看，调研地区的城镇居民鸡蛋实际食用量达到并超过了中国营养学会编制的《中国居民膳食指南（2016）》推荐的蛋类日食用量（中国营养学会编制的《中国居民膳食指南（2016）》推荐的蛋类日食用量为40～50克，即每周食用4～6枚），但与城镇居民认为的合理食用量相比，仍有明显差距。

表4-1 城镇居民鸡蛋食用量统计

类别	省份	鸡蛋食用量（枚/日）			
		所有样本（N=1 068）	仅购买普通的样本（N=564）	仅购买品牌鸡蛋的样本（N=196）	购买普通与品牌鸡蛋的样本（N=308）
城镇居民实际食用量	北京	1.16	1.21	0.99	1.18
	河北	1.00	0.96	0.72	1.17
	均值	1.09	1.11	0.90	1.17

（续）

类别	省份	鸡蛋食用量（枚/日）			
		所有样本 （N=1 068）	仅购买 普通的样本 （N=564）	仅购买品牌 鸡蛋的样本 （N=196）	购买普通与品 牌鸡蛋的样本 （N=308）
城镇居民 认为的合 理食用量	北京	1.27	1.27	1.26	1.27
	河北	1.36	1.38	1.29	1.36
	均值	1.31	1.32	1.27	1.31
合理食用量 与实际食用 量的差值	北京	0.11	0.06	0.27	0.09
	河北	0.36	0.42	0.57	0.19
	均值	0.22	0.21	0.37	0.14

就城镇居民对胆固醇的认知来看（图4-1），调研地区的城镇居民认为鸡蛋会增加胆固醇的摄入，这与鸡蛋胆固醇含量高的实际情况一致，这其中，有69.10%的样本认为食用鸡蛋导致胆固醇摄入量增加，从而会影响人体健康，北京所占的比例略高，达到了70.24%，河北的略低，但占比也达到了67.55%。这一结果说明，人们对于食用鸡蛋摄入胆固醇的问题关注度比较高，且担心胆固醇的摄入会影响身体健康，这可能是影响城镇居民鸡蛋食用量关键因

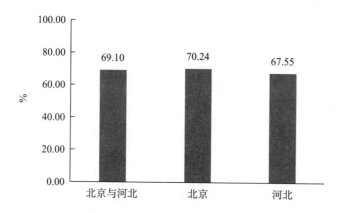

图4-1 城镇居民认为鸡蛋所含胆固醇会影响健康的样本比例

素之一，也可能是影响城镇居民鸡蛋合理与实际食用量差距的主要因素之一。

根据前文的分析，鸡蛋含有胆固醇是影响城镇居民鸡蛋食用量的不确定性因素，由于胆固醇的负面影响，会导致城镇居民保持较低的鸡蛋食用量。在调研中发现，城镇居民鸡蛋食用量可分为合理食用量和实际食用量，也就是心理预期的食用量和实际行为的食用量，城镇居民胆固醇认知对所提到的两个食用量可能均会有影响，该推断将在本章中进行实证模拟。结合实际情况来看，城镇居民的合理食用量和实际食用量可能会出现不一致，也就是说，在人们对胆固醇有固定的认知后，心理预期与实际情况会出现差异，当然除了胆固醇认知以外，还有其他因素影响人们的鸡蛋食用量，本章也将对该种情况做深入分析。以上的基本推断均会在本章中予以验证。

二、 研究方法及变量选择

（一）研究方法

影响城镇居民鸡蛋食用量及合理与实际食用量差值的关键因素拟利用分位数回归方法验证，该方法能够避免最小二乘法以及分类模型与实际不符的假定，该假定为随机干扰项满足于自身和自变量互不相关且均值为零方差相同的正态分布，而且分位数回归方法能够更充分反映自变量对不同部分因变量的分布产生不同的影响，得到的参数估计量不容易受到异常值的影响，从而估计更稳健。

（二）变量选择

结合调研的情况，对于被解释变量的选择，本章选取城镇居民鸡蛋实际食用量、合理食用量以及合理与实际食用量差值作为分位数回归方法的被解释变量。对于解释变量的选择，拟选取家庭特征变量、食用特征变量以及地区特征变量作为影响城镇居民鸡蛋食用量的关键因素（表4-2）。

表4-2　变量统计

变量类别	具体变量	含义	单位	均值 (N=1 068)
家庭特征	有未成年人家庭	1=是；0=否	—	0.56
	有孕产妇家庭	1=是；0=否	—	0.03
	有老人家庭	1=是；0=否	—	0.49
	少数民族家庭	1=是；0=否	—	0.06
	家庭最高学历水平	对学历层次进行赋值[a]	—	4.67
	家庭月均收入	对月均收入分级赋值[b]	—	2.62
	商品房房贷	1=有；0=没有	—	0.29
	被访问者年龄	被访问者周岁	岁	50.00
	被访问者性别	1=男；0=女	—	0.31
食用特征	仅食用品牌鸡蛋	1=品牌鸡蛋；0=其他	—	0.18
	仅食用普通鸡蛋	1=普通鸡蛋；0=其他	—	0.53
	其他动物食品食用量	畜产品和水产品食用量	克/（日·人）	280.49
	胆固醇认知	影响健康：1=是；0=否	—	0.69
	鸡蛋质量安全评价	五分法分级赋值[c]	—	3.31
	关注平衡膳食	1=是；0=否	—	0.90
地区特征	地区	1=北京；0=河北	—	0.58

注：a. 为家庭最高学历水平，分级及赋值为：1=小学及以下；2=初中；3=高中、中专、技校；4=大专；5=本科；6=研究生。b. 为家庭月均收入，分级及赋值为：1=0～5 000元；2=5 001～10 000元；3=10 001～20 000元；4=20 000元以上。c. 为城镇居民对鸡蛋质量安全的评价，按照五分法进行分级：1=非常差；2=比较差；3=一般；4=比较好；5=非常关注。

1. 家庭特征变量

因家庭成员的特殊性可以把城镇居民家庭分为四类，包括未成年人家庭、孕产妇家庭、老人家庭以及少数民族家庭，这四类家庭的特殊成员对鸡蛋食用量是否有明显特征，本章拟进行验证；受教育程度越高的人群，其对鸡蛋的营养及胆固醇的认知更明晰，对鸡蛋食用更理性，需要引入到模型中予以验证；家庭月均收入和商品房房贷影响城镇居民的购买力，极有可能影响到城镇居民对鸡蛋的食用量；调研过程中选取了熟知以及负责日常购买畜产品的成员，被访问者的年龄和性别等个人特征会影响到日常的鸡蛋食用量，因此，拟引入到模型中判定作用方向。

2. 食用特征变量

调研到的城镇居民鸡蛋消费分为仅食用品牌鸡蛋、仅食用普通鸡蛋以及两种鸡蛋都食用，为了探究不同鸡蛋消费人群在食用量上的差异，引入了虚拟变量予以验证；其他动物食品食用量与鸡蛋食用量存在替代关系，即食用鸡蛋较多的城镇居民，其他动物食品的食用量可能较少，尚需模型验证；胆固醇认知是本章研究的重点，前文已经做了推断，拟将该变量引入模型中，验证前文推断；鸡蛋质量安全是城镇居民鸡蛋购买及食用过程中比较关注的内容，对鸡蛋质量安全越重视的城镇居民对鸡蛋食用量的把控越严格，拟通过模型验证；平衡膳食对城镇居民的动物食品消费结构影响较大，但对城镇居民鸡蛋食用量是否有显著影响，需要模型模拟予以判别。

3. 地区特征变量

拟引入地区特征虚拟变量探究城镇居民鸡蛋食用量的地区差异，本章的地区特征虚拟变量共 1 个（北京取值为 1，河北取值为 0）。

三、 结果分析

利用计量软件得到了如表4-3、表4-4、表4-5所示的分位数回归结果，依据城镇居民鸡蛋实际食用量、合理食用量以及合理与实际食用量差值分布情况选取了分位点，模型结果均通过了整体检验，能够支撑本部分的分析内容，下面将显著因素做具体分析。

（一）影响城镇居民鸡蛋实际食用量的因素分析

胆固醇认知变量在不同分位点的结果，均显示对城镇居民鸡蛋食用量具有显著的负向影响，说明若城镇居民认为食用鸡蛋会导致身体胆固醇增加，从而会影响身体健康，则该部分人群就会食用较少的鸡蛋，验证了前文的推断。

就不同分位点其他共同的显著因素来看，有未成年人或老人的家庭在鸡蛋食用方面与没有未成年人和老人的家庭存在明显差异，有未成年人或老人的家庭鸡蛋食用量相对较少，说明有这两类的家庭考虑到营养均衡及健康等因素，会选择更为丰富的食物，而食用相对较少的鸡蛋；家庭月均收入对城镇居民家庭鸡蛋食用量具有显著的负向影响，说明目前鸡蛋越来越成为日常的食物，在收入较高的情况下，会选择肉类、水产品等动物蛋白食物，而减少对价格相对较低的鸡蛋食用；仅食用品牌鸡蛋的城镇居民的鸡蛋食用量较少，一方面因为品牌鸡蛋价格相对较高，该部分人群品牌鸡蛋购买量较少，另一方面因为能够购买品牌鸡蛋的城镇居民，其对价格相对较高的其他畜产品和水产品的消费能力较强；其他动物食品食用量显著影响城镇居民鸡蛋食用量，即食用其他动物食品较多的城镇居民，鸡蛋食用量较少，主要还是因为其他动物食品与鸡蛋存在明显的替代关系；关注平衡膳食对城镇居民鸡蛋食用量具有显著的正向影响，说明鸡蛋是城镇居民重要的动物蛋白来源，在其他动物蛋白来源价格要高于鸡蛋价格的情况下，更倾向于选择鸡蛋作为调节膳食结构的主要食物以及动物蛋白的主要来源。此外，城镇居民鸡蛋食用量还存在显著的地区差异，北京的城镇居民鸡蛋食用量相对较高，与前文的论述完全一致。

就不同分位点不同的显著因素来看，有孕产妇的家庭在分位点0.50 和 0.75 的模拟结果显示会显著影响城镇居民鸡蛋食用量，该结果表明城镇居民依然保持了孕产期间食用鸡蛋的传统；商品房房贷在分位点 0.50 的模拟结果显示会显著影响城镇居民鸡蛋食用量，该结果表明有商品房房贷的家庭会选择物美价廉的鸡蛋作为主要的动物蛋白来源。

表 4-3　模拟结果（一）

变量名称	分位点		
	0.25	0.50	0.75
截距	−0.126**	0.424**	1.216***
有未成年人家庭	−0.055***	−0.058**	−0.035*
有孕产妇家庭	0.192	0.179**	0.244*
有老人家庭	−0.132***	−0.135***	−0.147***
少数民族家庭	0.008	0.064	−0.035
家庭最高学历水平	0.049	0.013	0.002
家庭月均收入	−0.027*	−0.069**	−0.103***
商品房房贷	0.044	0.100**	0.082
被访问者年龄	−0.005	−0.003	−0.001

（续）

变量名称	分位点		
	0.25	0.50	0.75
被访问者性别	−0.005	0.014	0.036
仅食用品牌鸡蛋	−0.161***	−0.308***	−0.409***
仅食用普通鸡蛋	0.034	−0.032	−0.138**
其他动物食品食用量	0.001***	0.001***	0.001***
胆固醇认知	−0.081**	−0.030	−0.040**
鸡蛋质量安全评价	0.009	0.029	0.007
关注平衡膳食	0.138***	0.149**	0.066**
地区	0.113***	0.200***	0.126

注：***、**和*分别表示在1%、5%和10%水平上显著。

（二）影响城镇居民鸡蛋合理食用量的因素分析

胆固醇认知变量在不同分位点的结果，均显示对城镇居民鸡蛋合理食用量具有显著的负向影响，说明城镇居民对于鸡蛋胆固醇的负面认知，导致其所认定的鸡蛋合理食用量较少，验证了前文的推断。

就不同分位点共同的显著因素来看，有未成年人或老人的家庭在鸡蛋合理食用量方面与没有未成年人和老人的家庭存在明显差异，有未成年人或老人的家庭鸡蛋的合理食用量相对较少，说明有这两类的家庭考虑到营养均衡及健康等因素，会选择更为丰富的食物，而食用相对较少的鸡蛋；高学历家庭对于鸡蛋食用的认知更深，尤其是对于营养均衡以及鸡蛋食用负面影响等方面的了解，使得高学历家庭会选择更为丰富多样的食物或多渠道获取动物蛋白；被访问者年龄高，则其认定的鸡蛋合理食用量较低，说明年龄越大，其对食物的要求越高，尤其从养生以及营养均衡的角度考虑，会选择更多渠道获取动物蛋白或食用更多的其他食物；胆固醇认知对城镇居民认定的鸡蛋合理食用量具有显著的负向影响，说明鸡蛋是城镇居民重要的动物蛋白来源，在其他动物蛋白来源价格要高于鸡蛋价格的情况下，更倾向于选择鸡蛋作为调节膳食结构的主要食物以及动物蛋白的主要来源。

就不同分位点不同的显著因素来看，食用不同类型鸡蛋在分位点 0.75 显著影响城镇居民鸡蛋合理食用量，其中，仅食用品牌鸡蛋的城镇居民认定的鸡蛋合理食用量较少，这与前文模拟的仅食用品牌鸡蛋的城镇居民实际的鸡蛋食用量较少一致，主要原因在于该部分人群品牌鸡蛋购买量较少以及会购买其他畜产品和水产品替代鸡蛋食用以获取动物蛋白；仅食用普通鸡蛋的城镇居民认定的鸡蛋合理食用量较多，主要原因在于该部分人群主要以鸡蛋作为动物蛋白来源，为了保持足够的营养，会选择食用相对较多的鸡蛋。

表 4-4　模拟结果（二）

变量名称	分位点		
	0.25	0.50	0.75
截距	1.792***	1.845***	1.877***
有未成年人家庭	−0.002*	−0.001*	−0.001*
有孕产妇家庭	0.059	0.052	0.057
有老人家庭	−0.051**	−0.045**	−0.042**
少数民族家庭	−0.061	−0.040	−0.053
家庭最高学历水平	−0.025*	−0.032*	−0.072**
家庭月均收入	−0.045**	−0.027**	−0.032
商品房房贷	0.022	0.021	0.021
被访问者年龄	−0.002*	−0.002*	−0.002**

（续）

变量名称	分位点		
	0.25	0.50	0.75
被访问者性别	0.027	0.035	−0.033
仅食用品牌鸡蛋	−0.022	−0.014	−0.017***
仅食用普通鸡蛋	0.077	0.037	0.048*
其他动物食品食用量	0.001	0.001	0.001
胆固醇认知	−0.368***	−0.294***	−0.314***
鸡蛋质量安全评价	−0.040	−0.036	−0.038
关注平衡膳食	0.187*	0.100*	0.139*
地区	−0.012	−0.020	−0.017

注：***、**和*分别表示在1％、5％和10％水平上显著。

（三）影响城镇居民鸡蛋合理与实际食用量差值的因素分析

胆固醇认知变量在不同分位点的结果，均显示对城镇居民鸡蛋合理与实际食用量差值具有显著的正向影响，说明城镇居民鸡蛋胆固醇的负面认知更容易促使其鸡蛋食用量控制在自认为的合理范围以内，鸡蛋购买和食用是理性的。

就不同分位点共同的显著因素来看，有未成年人或老人的家庭在鸡蛋合理与实际食用量方面存在明显的差距，说明有未成年人或老人的家庭虽然合理与实际食用量相对较少，但目前实际食用量仍未达到所认定的合理食用量；高龄被访问者鸡蛋实际食用量要明显高于认定的合理食用量；食用不同类型的鸡蛋对城镇居民鸡蛋合理与实际食用量差值具有正向的显著影响，这与前文的统计分析一致，说明仅食用品牌鸡蛋、仅食用普通鸡蛋以及品牌鸡蛋和普通鸡蛋都食用的城镇居民鸡蛋实际食用量仍未达到认定的鸡蛋合理食用量。此外，北京城镇居民鸡蛋实际食用量要明显高于认定的合理食用量，而河北城镇居民鸡蛋实际食用量要明显低于认定的合理食用量，存在明显的地区差异。

就不同分位点不同的显著因素来看，少数民族家庭在分位点0.50显著影响城镇居民鸡蛋合理与实际食用量差值，说明少数民族家庭的鸡蛋实际食用量要明显高于认定的合理食用量，这可能与鸡蛋并非少数民族禁忌的食物有关；家庭最高学历水平在分位点0.50显著影响城镇居民鸡蛋合理与实际食用量差值，说明高学历家庭的鸡蛋实际食用量要明显高于认定的合理食用量，原因在于高学历家庭在合理食用量的估量上更为谨慎；关注平衡膳食在分位点0.25显著影响城镇居民鸡蛋合理与实际食用量差值，说明城镇居民在越发关注平衡膳食的情况下，其将鸡蛋作为调整膳食结构以及达到营养均衡的重要食物，往往会超过自身所认定的合理的鸡蛋食用量。

表 4 - 5　模拟结果（三）

变量名称	分位点		
	0.25	0.50	0.75
截距	0.649***	1.332***	1.685***
有未成年人家庭	0.043*	0.059**	0.062*
有孕产妇家庭	−0.275	−0.143	0.056
有老人家庭	0.093*	0.115**	0.161**
少数民族家庭	−0.104	−0.137*	−0.101
家庭最高学历水平	−0.011	−0.062***	−0.072**
家庭月均收入	0.037	−0.005	0.030
商品房房贷	−0.079	−0.023	0.081
被访问者年龄	−0.005**	−0.006***	−0.007***

（续）

变量名称	分位点		
	0.25	0.50	0.75
被访问者性别	−0.059	−0.032	−0.001
仅食用品牌鸡蛋	0.328***	0.212***	0.270***
仅食用普通鸡蛋	0.158**	0.055*	0.110*
其他动物食品食用量	−0.001	−0.001	−0.001
胆固醇认知	0.155**	0.306***	0.556***
鸡蛋质量安全评价	−0.033	−0.013	−0.009
关注平衡膳食	−0.173**	−0.020	0.069
地区	−0.137*	−0.120**	−0.173***

注：***、**和*分别表示在1％、5％和10％水平上显著。

四、 研究结论与对策建议

本章实证分析了胆固醇认知对城镇居民鸡蛋食用量的影响，得到以下结论：一是调研地区的城镇居民基本上实现了每人每日食用一枚鸡蛋。与鸡蛋实际食用量相比，调研到的样本目前还未达到认为的最合理的食用量，尤其是仅购买品牌鸡蛋的人群，其鸡蛋消费量还有潜力可被挖掘，河北城镇居民合理食用量与实际食用量的差值要明显高于北京。二是超过2/3的样本认为食用鸡蛋会导致胆固醇摄入量增加，从而会影响人体健康，经模型验证，胆固醇认知对城镇居民鸡蛋实际食用量、认定的合理食用量均有显著的负向影响，说明所调研到的城镇居民为了身体健康会有意减少了鸡蛋食用，而且胆固醇认知对城镇居民鸡蛋合理与实际食用量差值具有显著的正向影响，说明所调研到的城镇居民鸡蛋胆固醇的负面认知更容易促使其鸡蛋食用量控制在自认为的合理范围以内。三是城镇居民鸡蛋实际食用量还受到未成年人家庭、老年人家庭、家庭月均收入、其他动物食品食用量、关注平衡膳食以及地区等因素的显著影响，城镇居民认定的合理的鸡蛋食用量还受到未成年人家庭、老年人家庭、高学历家庭、被访者年龄以及关注平衡膳食等因素的显著影响，城镇居民鸡蛋合理与实际食用量存在差值还受到未成年人家庭、老年人家庭、被访问者年龄、食用不同类型的鸡蛋以及地区等因素的显著影响。

根据以上结论，本章提出以下三点引导消费者鸡蛋科学购买及食用的对策建议。

第一，针对鸡蛋胆固醇问题开展科普活动。针对鸡蛋胆固醇是否会引发身体疾病、吃多少鸡蛋更合理、怎么吃鸡蛋更有利于健康等问题，在进行科学论证的基础上，结合国内外研究成果，各级政府可以组织科研院校的科研人员、食品质量检测的工作人员、鸡蛋生产企业的研发人员等鸡蛋产学研从业人员，通过进小区、进公园、进学校以及利用微信、微博等开展系列科普活动，引导人们科学食用鸡蛋。

第二，研发及生产低胆固醇鸡蛋。人们对鸡蛋胆固醇摄入过多会引发身体疾病的认知根深蒂固，在短期内较难改变，为了推动蛋鸡产业的健康发展以及提质增效、转型升级，鸡蛋生产企业以及科研院校可以研发低胆固醇鸡蛋，并予以推广，在保障鸡蛋有效供给的情况下，满足消费者对低胆固醇鸡蛋的需求。

第三，细分鸡蛋市场，增强鸡蛋营养宣传。针对不同人群鸡蛋食用量有差异的情况，鸡蛋生产主体可以有针对性地细分鸡蛋市场，并推出符合不同人群需求的鸡蛋，譬如宝宝蛋、生食鸡蛋、谷物鸡蛋、营养蛋等；针对人们对平衡膳食以及安全营养越发关注的现象，政府可引导科研院校和鸡蛋生产企业举办一些科普活动，通过多样化的媒体对鸡蛋的营养、鸡蛋的品质等知识进行普及，让更多的消费者来了解鸡蛋，提升消费者对鸡蛋的购买需求。

CHAPTER 5　第五章

城镇居民家庭鸡蛋价格承受
能力及购买倾向研究[*]

　　鸡蛋为人们提供了物美价廉的动物蛋白，是人们重要的动物蛋白来源之一，为提高人们生活水平、改善膳食结构起了重要作用。根据国家统计局发布的数据测算，2019 年我国鸡蛋产量约为2 812.65 万吨，人均鸡蛋占有量达到了 20.09 千克/人，鸡蛋产量以及人均鸡蛋占有量均达到了历史最高。这与 2018 年 10 月暴发的非洲猪瘟疫情有关，受该疫情的影响，生猪产业受到严重冲击，而蛋鸡产业则迎来了发展的机遇期，鸡蛋消费市场需求大增，这也导致了鸡蛋价格持续高位。据农业农村部监测，2019 年 11 月 1 日全国农产品批发市场鸡蛋价格达到了近年来的最高 12.47 元/千克，

---

　　* 发表于《农业技术经济》2020 年第 11 期。

2019 年度的鸡蛋价格要高于近 4 年的平均值。虽然鸡蛋比其他畜产品，尤其是肉类产品的价格低，但价格的不确定性也会影响居民的鸡蛋消费。那么，鸡蛋该定什么价格？在不同的价格下，居民鸡蛋的消费会发生什么变化？这就需要基于消费者视角开展有关鸡蛋价格承受能力及购买倾向的研究，为了研究更有前瞻性以及借鉴性，选择城镇居民家庭作为研究对象，主要是因为根据以往的实地调研发现，城镇居民家庭鸡蛋消费更能代表未来的发展趋势。鉴于此，本章开展城镇居民家庭鸡蛋价格承受能力及购买倾向的研究，对于稳定鸡蛋市场以及促进鸡蛋消费具有重要意义。

产业链上不同主体对于农产品价格的态度差异大，生产者期望农产品价格越高越好、流通主体期望农产品收购价低及转售价高、终端消费者则希望农产品价格越低越好，相比来看，消费者对农产品价格的反应相对更敏感。据研究，农产品价格的决定权往往在产业链的中间环节（王学真等，2005；孙侠等，2008；刘思宇等，2013；樊孝凤等，2015；潘建伟等，2018；郑燕等，2018），消费者因为缺乏讨价还价的能力（周莉等，2012；刘博等，2014；朱宁等，2015；谭莹等，2018），导致其成为农产品价格的被动接受者。那么，开展消费者对农产品价格的承受能力研究就显得更为必要。已有成果对该方面的研究鲜有涉及，而有关消费者对农产品的价格态度及购买意愿的研究对本章具有借鉴意义，学者利用实证分析方法，验证了消费者对农产品价格的关注度较高（张国政等，2019），往往把农产品价格作为购买行为产生的关键因素，尤其是生鲜农产品（刘楼等，2013；朱长宁，2015；姜百臣等，2017；唐跃武等，2018；冯艳芳等，2019），同时，消费者还会把收入、营养、口感、品质、安全性、新鲜程度、可追溯等因素作为选择购买农产品的关键因素（刘晓琳等，2015；崔登峰等，2018）。此外，以往所开展的城镇居民鸡蛋消费行为的研究，尤其是对品牌鸡蛋相关的研究对本章在内容、变量选择等方面也具有借鉴意义（朱宁等，2015；李硕等，2017；马骥等，2018）。

基于以上背景，在对城镇居民家庭鸡蛋购买情况分析的基础上，探讨城镇居民家庭对普通鸡蛋和品牌鸡蛋的价格承受能力，并以此深入探究城镇居民家庭在鸡蛋不同价位下的购买倾向，以期揭示和评估消费者对普通鸡蛋和品牌鸡蛋的定价意向及购买倾向，为制定稳定鸡蛋市场的对策以及指导鸡蛋定价措施的提出提供参考依据。

一、 理论推导及数据分析

（一）理论推断

从经济学理论来讲，价格的高低直接影响人们对某一农产品的购买倾向，尤其是价格会影响人们对某一农产品的购买量，而农产品购买量是否会受到影响，这与人们农产品价格的承受能力直接相关，有些人对农产品价格的承受能力高，则其在农产品价格高位时，能保持常态的消费，也有些人对农产品价格的承受能力低，则其在农产品价格高位时，不能保持常态消费。基于以上的判定，结合本章研究的主题，做出以下定义以及推断：本章中的鸡蛋价格承受能力指的是人们保持常态消费下所能承受的鸡蛋价格水平，也就是说，鸡蛋价格承受能力就是人们购买鸡蛋的支付能力，这种支付能力取决于人们所能够承受的鸡蛋价格水平。在鸡蛋购买量稳定的情况下，人们会产生合理价格以及所能承受的最高价格两个价格的预期。鸡蛋价格承受能力最直观的衡量指标就是所能承受的鸡蛋最高价格，若鸡蛋实际价格低于所能承受的最高价格，则人们会保持鸡蛋的常态消费；若鸡蛋实际价格高于所能承受的最高价格，则有可能会减少鸡蛋的购买量或者不购买。若实际价格低于所认为的合理价格，则至少会保持常态消费。鸡蛋分为品牌鸡蛋与普通鸡蛋两种，人们对不同类型鸡蛋的价格承受能力是不一样的。除了以上所提到的鸡蛋价格低于、高于所能承受的最高价格以及低于所认为的合理价格外，还有一个特殊情况需要论证，即品牌鸡蛋与普通鸡蛋的价差缩小时，人们鸡蛋的消费情况。一般来讲，在此情况下，购买品牌鸡蛋的消费者可能会增加品牌鸡蛋的消费量、购买普通鸡蛋的消费者可能会购买品牌鸡蛋。以上论断均会在本章中予以验证。

（二）基本推理

通过调研发现，城镇居民家庭对鸡蛋价格的承受能力体现在对鸡蛋价格有合理预期以及最高预期，如图 5-1 所示，城镇居民家庭对普通鸡蛋价格的合理预期和最高预期分别为 7.61 元/千克和 12.26 元/千克、对品牌鸡蛋价格的合理预期和最高预期分别为 0.93 元/枚和 1.43 元/枚。由于鸡蛋越来越成为生活必需品，鸡蛋价格低于合理预期时，城镇居民家庭对鸡蛋的消费量变化较小，本章不做具体分析。而当鸡蛋价格高于最高价格预期时，尤其是 2019 年由于非洲猪瘟疫情的影响，鸡蛋价格持续高位，普通鸡蛋的价格甚至超过了城镇居民家庭所能承受的最高价格 12.26 元/千克，此种情况下，城镇居民家庭的消费量将如何变化？需要本章进行实证分析。更需要论证的是，鸡蛋分为普通鸡蛋和品牌鸡蛋（约 16 枚鸡蛋重 1 千克），两者之间的价差较为明显，一般相差 1 倍左右，倘若两者之间的价差缩小，人们在对品牌鸡蛋的购买上会倾向于何种变化？该问题需要实证论证。

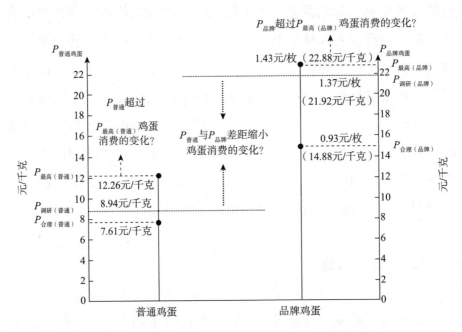

图 5-1　城镇居民家庭鸡蛋价格承受能力及购买倾向

（三）数据分析

就购买的鸡蛋类型来看（表 5-1），仅购买普通鸡蛋的样本占总样本的 52.81%，仅购买品牌鸡蛋的样本占总样本的 18.35%，普通鸡蛋与品牌鸡蛋都购买的样本占总样本的 28.84%。总体来看，城镇居民家庭仍以普通鸡蛋消费为主，品牌鸡蛋也成为人们鸡蛋购买的主要品类。

就鸡蛋购买的频率以及数量来看（表5-1），普通鸡蛋的购买频率较高，仅购买普通鸡蛋的样本9.13天购买一次，每次购买约1.83千克，价格约为8.85元/千克；仅购买品牌鸡蛋的样本10.64天购买一次，每次购买约28.35枚，价格约为1.42元/枚；购买普通鸡蛋与品牌鸡蛋的样本11.10天购买一次普通鸡蛋、47.15天购买一次品牌鸡蛋，每次购买普通鸡蛋1.56千克、品牌鸡蛋34.22枚，价格分别约为9.11元/千克、1.34元/枚。之所以鸡蛋价格相对较高，与调研期间非洲猪瘟疫情的影响有关。从不同的地区来看，北京市城镇居民家庭的普通鸡蛋以及品牌鸡蛋的购买频率较高，河北省相对较低，而且北京市鸡蛋价格要高于河北省，主产区的居民购买鸡蛋具有价格优势。

表5-1 城镇居民家庭鸡蛋购买基本情况统计

省份	仅购买普通鸡蛋（N=564）					仅购买品牌鸡蛋（N=196）				
	样本（个）	频率（天/次）	购买量（千克/次）	金额（元/次）	均价（元/千克）	样本（个）	频率（天/次）	购买量（枚/次）	金额（元/次）	均价（元/枚）
北京	332	8.21	1.83	17.13	9.35	132	9.10	27.17	40.24	1.48
河北	232	10.45	1.82	14.79	8.13	64	13.83	30.77	40.61	1.32
总计	564	9.13	1.83	16.16	8.85	196	10.64	28.35	40.36	1.42

省份	购买普通鸡蛋与品牌鸡蛋（N=308）									
	普通鸡蛋					品牌鸡蛋				
	样本（个）	频率（天/次）	购买量（千克/次）	金额（元/次）	均价（元/千克）	样本（个）	频率（天/次）	购买量（枚/次）	金额（元/次）	均价（元/枚）
北京	151	11.04	1.53	14.48	9.47	151	37.61	27.62	39.83	1.44
河北	157	11.15	1.58	13.92	8.79	157	56.33	40.57	51.54	1.27
总计	308	11.10	1.56	14.20	9.11	308	47.15	34.22	45.80	1.34

就城镇居民家庭对鸡蛋价格的承受能力来看（图5-1、表5-2），

89.51%的样本认为品牌鸡蛋比普通鸡蛋价格高是合理的，利于品牌鸡蛋生产企业定价。调研地区的城镇居民认为普通鸡蛋7.61元/千克是合理的，能承受的最高价格是12.26元/千克；调研地区的城镇居民认为品牌鸡蛋价格0.93元/枚是合理的，能承受的最高价格是1.43元/枚。北京城镇居民比河北城镇居民在普通鸡蛋价格承受能力上要高，但品牌鸡蛋要低。购买普通鸡蛋的城镇居民家庭所认为的合理的普通鸡蛋价格为7.42元/千克、能承受的普通鸡蛋最高价格是12.04元/千克，对于品牌鸡蛋，这部分的样本认为合理的品牌鸡蛋价格是0.88元/枚、能承受的品牌鸡蛋最高价格是1.34元/枚，而购买品牌鸡蛋的城镇居民家庭所认为的合理的普通鸡蛋价格为7.90元/千克、能承受的普通鸡蛋最高价格是11.70元/千克，对于品牌鸡蛋，这部分的样本认为合理的品牌鸡蛋价格是1.03元/枚、能承受的品牌鸡蛋最高价格是1.55元/枚，相比来看，购买普通鸡蛋的城镇居民家庭对普通鸡蛋价格的承受能力要高于购买品牌鸡蛋的，而对品牌鸡蛋价格的承受能力，则是购买品牌鸡蛋的城镇居民家庭更强，说明当消费者对某一类农产品是常消费时，则其对该类农产品的价格承受力较强。

表 5-2　城镇居民家庭对鸡蛋价格承受能力统计

省份	品牌鸡蛋比普通鸡蛋价格高合理（%）	合理的普通鸡蛋价格（元/千克）	能承受的普通鸡蛋价格（元/千克）	合理的品牌鸡蛋价格（元/枚）	能承受的品牌鸡蛋价格（元/枚）
北京（N=615）	88.62	8.07	14.07	0.93	1.41
河北（N=453）	90.73	6.97	9.79	0.94	1.46
购买普通鸡蛋（N=872）	88.19	7.42	12.04	0.88	1.34

（续）

省份	品牌鸡蛋比普通鸡蛋价格高合理（%）	合理的普通鸡蛋价格（元/千克）	能承受的普通鸡蛋价格（元/千克）	合理的品牌鸡蛋价格（元/枚）	能承受的品牌鸡蛋价格（元/枚）
购买品牌鸡蛋（N=504）	91.47	7.90	11.70	1.03	1.55
总计（N=1 068）	89.51	7.61	12.26	0.93	1.43

就城镇居民家庭在普通与品牌鸡蛋不同价位下的消费情况来看（表 5 - 3），当普通鸡蛋价格超过所能承受的最高价格时，有45.41%的购买普通鸡蛋的样本家庭会受到影响，平均会减少34.46%的普通鸡蛋消费，该种情况下，会有45.41%的样本减少鸡蛋的消费总量，没有样本会增加鸡蛋的消费，减少鸡蛋消费总量的样本大都会选择豆制品、肉类、奶类等食品作为消费的替代品；若品牌鸡蛋价格超过能承受的最高价格时，有63.89%的购买品牌鸡蛋的样本家庭会受到影响，平均会减少49.63%的品牌鸡蛋消费，该种情况下，仅有14.68%的样本家庭会减少鸡蛋的消费总量、有83.53%的样本家庭的鸡蛋消费总量不变，主要是因为减少品牌鸡蛋消费的样本家庭，并不是减少了鸡蛋的消费，而是购买普通鸡蛋来补充由于品牌鸡蛋价格高而减少的消费量；若品牌鸡蛋与普通鸡蛋价差小时，有56.65%的样本家庭会增加59.97%的品牌鸡蛋的消费量，增加的品牌鸡蛋消费量大都替代了普通鸡蛋的消费量，约有93.35%的样本家庭保持了鸡蛋消费总量的不变，仅有6.46%的样本家庭增加了鸡蛋消费总量。总的来看，当普通鸡蛋或品牌鸡蛋超过人们的承受能力时，约有一半的样本家庭会选择减少该种鸡蛋的消费量，但仍尽量保持鸡蛋的消费总量，尤其是品牌与普通鸡蛋价差小时，人们会增加品牌鸡蛋的购买量替代普通鸡蛋消费，但并

不会盲目消费，仍会保持鸡蛋消费总量的平稳。

表 5-3　城镇居民家庭在鸡蛋不同价位下的消费情况统计

类别	受影响样本比例（%）	普通鸡蛋减少比例（%）	品牌鸡蛋减少比例（%）	品牌鸡蛋消费量增加比例（%）	鸡蛋消费总量（%）		
					减少样本比例	不变样本比例	增加样本比例
普通鸡蛋价格超过承受能力（N=872）	45.41	34.46 (N=396)	—	—	45.41	54.59	0.00
品牌鸡蛋价格超过承受能力（N=504）	63.89	—	49.63 (N=322)	—	14.68	83.53	1.79
品牌与普通鸡蛋价差小（N=1 068）	56.65	—	—	59.97 (N=605)	0.19	93.35	6.46

二、　研究方法及变量选择

（一）研究方法

1. 分位数回归方法

由于城镇居民家庭对鸡蛋价格的承受能力有差异，需要探明在不同承受区间下影响城镇居民家庭鸡蛋价格承受能力的关键因素，最小二乘法以及分类模型并不能对承受能力进行划分区间，而且这两个模型还存在"随机干扰项满足于自身和自变量互不相关且均值为零方差相同的正态分布"与实际不符的假定，因此，选择了分位数回归方法，该方法能够弥补最小二乘法以及分类模型的不足。

对于分位数回归而言，设随机变量 Y 的分布函数为 $F(y) = P(Y \leqslant y)$，则 Y 的第 τ 分位数可定义为：

$$Q\ (\tau)\ =\inf\{y: F\ (y)\ \geqslant\tau\} \qquad (5-1)$$

式中，$0<\tau<1$ 代表在回归线或回归平面以下的数据占全体数据的百分比，分位函数的特点是变量 y 的分布中存在比例为 τ 的部分小于分位数 $Q\ (\tau)$，而比例 $(1-\tau)$ 的部分大于分位数 $Q\ (\tau)$，y 的整个分布被 τ 分为两部分。对于任意的 $0<\tau<1$，定义"检验函数" $\rho_\tau\ (u)$ 为：

$$\rho_\tau\ (u)\ =\begin{cases} \tau u, & y_i\geqslant x'_i\beta \\ (1-\tau)\ u, & y_i<x'_i\beta \end{cases} \qquad (5-2)$$

式中，u 为反映检验函数的参数，而 $\rho_\tau\ (u)$ 表示被解释变量 y 的样本点处于 τ 分位以下和以上时的检验函数关系，假设分位数回归模型为：

$$y_i=x'_i\beta\ (\tau)\ +\varepsilon\ (\tau)_i \qquad (5-3)$$

在具体估计过程中可假定 $u=1$，则对于 τ 分位数的样本分位数线性回归是求满足 $\min\sum\beta\rho_\tau[y_i-x'_i\beta(\tau)]$ 的解 $\beta\ (\tau)$，其展开式为：

$$\min\left\{\sum_{y_i\geqslant x'_i\beta(\tau)}\tau|y_i-x'_i\beta(\tau)|+\sum_{y_i\geqslant x'_i\beta(\tau)}(1-\tau)|y_i-x'_i\beta(\tau)|\right\}$$

$$(5-4)$$

在线性条件下，给定 x 后，y 的 τ 分位数函数为：

$$Q\ (\tau|x)\ =x'_i\beta\ (\tau) \qquad (5-5)$$

在不同的 τ 分位数下，可以得到不同的分位数函数。随着 τ 取值由 0 至 1，可得所有 y 在 x 上的条件分布轨迹，即一簇曲线，而不像 OLS 等方法只得到一条曲线。

2. Heckman 两阶段模型

为了避免调研抽样设计无法消除的样本选择性偏差问题，本章对比了分类模型以及多阶段模型的特性，最终选取了能够消除样本选择性偏差问题的 Heckman 两阶段模型，用于实证分析在不同的鸡蛋价格下影响城镇居民家庭鸡蛋购买倾向的因素。该模型既能够厘清城镇居民家庭在不同鸡蛋价格下的购买倾向选择问题，还能够深入研究不同鸡蛋价格下的消费变化。第一阶段采用 Probit 模型分析城镇居民家庭是否会因价格超过承受能力以及普通与品牌鸡蛋价差缩小影响其鸡蛋购买倾向；第二阶段改变鸡蛋购买倾向的样本利用最小二乘法（OLS 方法）对方程进行估计，并将逆米尔斯比率作为额外变量以纠正样本选择性偏误。

第一阶段采用 Probit 模型分析城镇居民家庭是否会因价格超过承受能力以及普通与品牌鸡蛋价差缩小影响其鸡蛋购买倾向。

$$p_i^* = Z_i\gamma + \mu_i$$

$$p_i = \begin{cases} 1, & if \quad Z_i\gamma + \mu_i > 0 \\ 0, & if \quad Z_i\gamma + \mu_i \leqslant 0 \end{cases} \qquad (5-6)$$

式中，p_i^* 为城镇居民改变鸡蛋购买倾向的概率，若城镇居民改变鸡蛋购买倾向，则 $p_i = 1$；若城镇居民未改变鸡蛋购买倾向，则 $p_i = 0$。Z_i 为解释变量，γ 为待估系数，μ_i 为随机扰动项。在式（5-7）的基础上，计算得到逆米尔斯比率 λ 作为第二阶段的修正参数。

$$\lambda = \frac{\phi \ (Z_i\gamma/\sigma_0)}{\varphi \ (Z_i\gamma/\sigma_0)} \qquad (5-7)$$

式中，$\phi \ (Z_i\gamma/\sigma_0)$ 为标准正态分布的密度函数，$\varphi \ (Z_i\gamma/\sigma_0)$ 为相应的累积密度函数。

第二阶段，选择 $p_i = 1$ 的样本利用最小二乘法（OLS 方法）对方程进行估计，并将逆米尔斯比率 λ 作为额外变量以纠正样本选择性偏误，即：

$$y_i = \beta X_i + \alpha \lambda + \eta_i \qquad (5-8)$$

式中，y_i 为第二阶段的被解释变量，即城镇居民改变鸡蛋消费的程度，α、β 为待估系数。如果系数 α 通过了显著性检验，则选择性偏差是存在的，表示 Heckman 两阶段估计方法对于纠正样本选择性偏差的效果，因此，采用 Heckman 备择模型是合适的。

此外，Heckman 两阶段模型要求 X_i 是 Z_i 的一个严格子集，即 Z_i 中至少有一个元素不在 X_i 中，也就是说至少存在一个影响城镇居民家庭是否改变鸡蛋购买倾向但对 $\ln y_i$ 没有偏效应的变量。

（二）变量选择

结合调研的情况，对于被解释变量的选择，本章选取城镇居民家庭所能承受的鸡蛋最高价格作为衡量其承受能力的因素（统计情况见表 5-2），作为分位数回归方法的被解释变量；选取城镇居民家庭鸡蛋不同价位下的购买倾向作为 Heckman 两阶段模型的被解释变量（统计情况见表 5-3）。对于解释变量的选择，拟选取家庭特征变量、消费特征变量以及地区特征变量作为影响城镇居民家庭对鸡蛋价格承受能力以及购买倾向的关键因素（表 5-4）。

表 5-4　变量统计

变量类别	名称	含义	单位	普通鸡蛋价格承受能力 均值（N=872）	品牌鸡蛋价格承受能力 均值（N=504）	品牌与普通鸡蛋价差小 均值（N=1 068）
家庭特征	有未成年人家庭	1=是；0=否	—	0.71	071	0.70
	有孕产妇家庭	1=是；0=否	—	0.03	0.05	0.03
	有老人家庭	1=是；0=否	—	0.22	0.29	0.23

（续）

变量类别	名称	含义	单位	普通鸡蛋价格承受能力 均值（N＝872）	品牌鸡蛋价格承受能力 均值（N＝504）	品牌与普通鸡蛋价差小 均值（N＝1 068）
家庭特征	少数民族家庭	1＝是；0＝否	—	0.06	0.06	0.06
	家庭最高学历水平	对学历层次进行赋值ᵃ	—	4.62	4.73	4.67
	家庭月均收入	对月均收入分级赋值ᵇ	—	2.54	2.67	2.62
	商品房房贷	1＝有；0＝没有	—	0.28	0.33	0.29
	被访问者年龄	被访问者周岁ᶜ	—	2.86	2.68	2.84
	被访问者性别	1＝男；0＝女	—	0.31	0.34	0.31
消费特征	仅购买品牌鸡蛋	1＝品牌鸡蛋；0＝其他	—	—	0.39	0.18
	仅购买普通鸡蛋	1＝普通鸡蛋；0＝其他	—	0.65	—	0.53
	鸡蛋消费量	每日人均鸡蛋消费量	枚	1.13	1.07	1.09
	鸡蛋质量安全评价	五分法分级赋值ᵈ	—	3.27	3.36	3.31
	关注平衡膳食	1＝是；0＝否	—	0.90	0.90	0.90
地区特征	地区	1＝北京；0＝河北	—	0.55	0.56	0.58

注：a 为家庭最高学历水平，分级及赋值为：1＝小学及以下；2＝初中；3＝高中、中专、技校；4＝大专；5＝本科；6＝研究生。b 为家庭月均收入，分级及赋值为：1＝0～5 000 元；2＝5 001～10 000 元；3＝10 001～20 000 元；4＝20 000 元以上。c 为被访问者年龄，分级及赋值为：1＝21～35 岁；2＝36～45 岁；3＝46～55 岁；4＝56 岁以上。d 为城镇居民对鸡蛋质量安全的评价，按照五分法进行分级：1＝非常差；2＝比较差；3＝一般；4＝比较好；5＝非常关注。

1. 家庭特征变量

因家庭成员的差异可以分为几类家庭，其中比较典型的包括未成年人家庭、孕产妇家庭、老人家庭，这三类人群均属于特殊人群，对于鸡蛋的消费具有导向作用，本章拟进行验证；少数民族的饮食习惯与汉族不同，需要在模型中予以考量；受教育程度往往对事物的认知程度较深，对于鸡蛋的营养价值了解得相对较多，对于鸡蛋的消费愈发坚定，且对价格承受能力越强以及有明确的购买倾向，但还需模型进行验证；收入是影响食品消费的重要因素之一，虽然鸡蛋价格相对于肉类产品要低，但人们对于鸡蛋的消费仍需收入作为保障，尤其是价格超过承受能力时，更需要收入作为后盾；被访问者是熟知家庭畜产品消费情况的，且大都参与畜产品的购买，而不同年龄段的消费者对鸡蛋价格的承受能力以及在鸡蛋价格高位下的消费倾向具有差异，但在品牌与普通鸡蛋价差小时，不同年龄段的消费者如何选择尚需验证；商品房贷款是城镇居民家庭影响食物消费的重要因素，有房贷的家庭对鸡蛋价格的承受能力受到限制，更会影响其面对价格超过承受能力时的鸡蛋消费，在品牌与普通鸡蛋价差小时，有房贷的消费者如何选择尚需验证。

2. 消费特征变量

由于有的城镇居民家庭既购买了普通鸡蛋又购买了品牌鸡蛋，为了区分不同消费者的差异，引入了虚拟变量以验证不同消费人群的鸡蛋价格承受能力、鸡蛋购买倾向以及品牌与普通鸡蛋价差小时的鸡蛋购买倾向；鸡蛋消费量代表了城镇居民家庭日常的稳定消费量，高消费量是否会影响城镇居民对鸡蛋价格的承受能力以及不同鸡蛋价格状态下的购买倾向，尚需模型验证；鸡蛋质量安全是人们在消费过程中比较关注的内容，对鸡蛋质量安全越重视的城镇居民是否对鸡蛋价格的承受能力更强，且面对不同鸡蛋价格状态下的购买倾向是否会与不太重视鸡蛋质量安全的人群有差异，拟通过模型验证；平衡膳食对人们的消费结构影响较大，尤其是收入相对较高的城镇居民，鸡蛋已经成为人们调节食物营养的重要食物，那么，对平衡膳食比较重视的人群，是否为了保障鸡蛋提供的营养，而能够承受更高的鸡蛋价格，且是否会在品牌与普通鸡蛋价差小时，选择通常任务质量更有保障的品牌鸡蛋，需要模型模拟予以判别，因此，拟将平衡膳食作为重要变量引入到模型中。

3. 地区特征变量

拟通过地区特征变量探究城镇居民家庭鸡蛋价格承受能力及购买倾向的地区差异。

三、 结果分析

（一）影响城镇居民鸡蛋价格承受能力的因素分析

利用计量软件得到了如表 5-5 所示的分位数回归的结果，依据城镇居民家庭能承受的鸡蛋价格选取了分位点，模型结果均通过了整体检验，能够支撑本部分的分析内容。从两个模型的结果看，家庭月均收入、家庭最高学历水平、购买习惯（仅购买一类鸡蛋）以及平衡膳食等因素是影响城镇居民家庭鸡蛋价格承受能力的关键因素。下面将分别对两个模型结果做具体分析。

就影响城镇居民家庭普通鸡蛋价格承受能力的关键因素来看，有老人的家庭对普通鸡蛋价格的承受能力较差，尤其在分位点 0.2、0.4、0.6 的模拟结果，均显示出具有较强显著性的结果，说明老人在消费能力方面较差，且该部分人群一般较为节俭，在鸡蛋消费上精打细算，对高价格普通鸡蛋的购买力差；家庭最高学历水平对普通鸡蛋价格的承受能力具有显著的正向影响，说明高学历家庭能较为深入地了解鸡蛋的营养价值，使得该类家庭对普通鸡蛋价格的承受力强；家庭月均收入是影响城镇居民家庭鸡蛋消费的显著因素，说明收入依然是普通消费的保障因素，收入越低的家庭，其对普通鸡蛋价格的承受能力越弱；商品房房贷仅在分位点 0.4 的模拟结果显著，但其他分位点的系数也均为负数，说明商品房房贷对于城镇居民家庭普通鸡蛋价格的承受能力有减弱作用；被访问者年龄越大，则对普通鸡蛋价格的承受能力越弱，越希望普通鸡蛋价格保持中低位，这也反映出年轻人对于普通鸡蛋价格的承受能力较强；仅购买普通鸡蛋的城镇居民家庭对普通鸡蛋的价格承受力越强，表明购买习惯使得城镇居民家庭了解普通鸡蛋的价格规律，对普通鸡蛋价格是否高位已经成为习惯；平衡膳食对城镇居民家庭普通鸡蛋价格承受能力具有正向的显著影响，说明由于考虑平衡膳食，人们会坚持普通鸡蛋的消费，使得其对普通鸡蛋价格的承受力较强。此外，北京和河北的城镇居民家庭对普通鸡蛋价格承受能力方面具有地区差异，相比之下，北京城镇居民家庭的承受能力更强。

就影响城镇居民家庭品牌鸡蛋价格承受能力的关键因素来看，高学历家庭对品牌鸡蛋价格的承受能力具有显著的正向影响，说明高学历家庭能较为深入地了解品牌鸡蛋比普通鸡蛋的优势，如营养、质量有保障、蛋壳洁净等方面，使得高学历的城镇居民家庭倾向于消费品牌鸡蛋，且对品牌鸡蛋价格的承受能力更强；家庭月均收入是影响城镇居民家庭鸡蛋消费的显著因素，说明收入是品牌消费的保障因素或制约因素，收入越高的家庭，其能够接受品牌鸡蛋的高价；商品房房贷仅在分位点 0.8 的模拟结果显著，说明随着分位点增大以及品牌鸡蛋价格越高，则有商品房房贷的城镇居民家庭越难以接受品牌鸡蛋的价格；被访问者年龄仅在分位点 0.8 的模拟结果显著，说明随着分位点增加以及品牌鸡蛋价格越高，则被访问者年龄成为制约其品牌鸡蛋价格承受能力的关键因素；仅购买品牌鸡蛋的城镇居民家庭对品牌鸡蛋的价格承受力较强，表明购买习惯会影响城镇居民家庭品牌鸡蛋价格的承受能力；平衡膳食对城镇居民家庭品牌鸡蛋价格承受能力具有正向的显著影响，说明考虑平衡膳食的城镇居民家庭会坚持或保持鸡蛋的消费，使得该部分人群对鸡蛋价格的承受力较强。

表 5 - 5   分位数回归方法模拟结果

变量	普通鸡蛋价格承受能力模型系数				品牌鸡蛋价格承受能力模型系数			
	0.2	0.4	0.6	0.8	0.2	0.4	0.6	0.8
截距	2.100***	1.159***	1.579***	3.037***	0.451*	0.118**	0.308**	1.316***
有未成年人家庭	0.032	0.045	0.058	0.051	0.013	0.005	0.047	0.008
有孕产妇家庭	0.265	0.384	0.433	0.471*	0.268*	0.070	0.024	0.029
有老人家庭	-0.235**	-0.539***	-0.661***	-0.270	-0.035	-0.071	-0.058	-0.171
少数民族家庭	0.430	0.306	0.101	-0.089	-0.096	0.007	0.044	-0.089
家庭最高学历水平	0.164***	0.279***	0.219***	0.194***	0.065*	0.139***	0.139***	0.187***
家庭月均收入	0.275***	0.442***	0.402***	0.305***	0.043**	0.015*	0.073**	0.104*
商品房房贷	-0.168	-0.311**	-0.115	-0.074	-0.011	-0.022	-0.093	-0.287**
被访问者年龄	-0.009**	-0.012**	-0.020***	-0.011*	-0.002	-0.001	-0.003	-0.009**
被访问者性别	0.111	0.221	0.069	0.075	-0.019	0.047	0.052	0.179
仅购买品牌鸡蛋	—	—	—	—	0.284***	0.260***	0.368***	0.614***
仅购买普通鸡蛋	0.363**	0.572***	0.475***	0.589**	—	—	—	—
鸡蛋消费量	0.130	0.139	0.102	0.033	0.036	0.026	0.075	0.006
鸡蛋质量安全评价	0.019	-0.008	-0.078	-0.131	-0.014	0.024	0.045	-0.035
关注平衡膳食	0.076	0.456***	0.783***	0.520	0.157*	0.267***	0.150	0.100
地区	0.725***	1.177***	1.679***	2.496***	0.036	0.015	0.074	0.140

注：***、**和*分别表示在1%、5%和10%水平上显著。

（二）影响不同鸡蛋价格下城镇居民家庭鸡蛋消费倾向的因素分析

本研究利用计量软件对 Heckman 两阶段模型进行了模拟。从估计结果可以看出，逆米尔斯比率在1%的水平上显著，表明存在样本选择性偏误问题，也表明使用 Heckman 两阶段模型是合适的。模型的结果如表 5－6 所示，显著因素的分析如下。

当普通鸡蛋价格超过城镇居民家庭承受能力时，家庭月均收入对城镇居民家庭消费普通鸡蛋具有显著的影响，即家庭月均收入越高的样本，则其越倾向于选择至少不减少普通鸡蛋的消费量，说明收入仍然是影响城镇居民家庭普通鸡蛋消费的关键因素；家庭最高学历水平对城镇居民家庭消费普通鸡蛋在第二阶段的模型中显著，说明学历高的家庭，其对鸡蛋消费不仅仅是满足基础温饱，更为重要的是注重鸡蛋的营养提供，即学历越高的家庭，其越倾向于不减少普通鸡蛋的消费；仅购买普通鸡蛋的城镇居民家庭，其不会选择因普通鸡蛋价格超过最高心理价，而减少普通鸡蛋的消费，主要是因为品牌鸡蛋要高于普通鸡蛋的价格，且所能选择的蛋类的替代品有限，使得其倾向于继续保量购买普通鸡蛋；平衡膳食在第一阶段的模型结果中，能够显著影响城镇居民对普通鸡蛋的购买倾向，说明城镇居民购买鸡蛋会注重营养提供以及营养搭配，鸡蛋作为物美价廉的动物性蛋白，要比其他提供动物性蛋白的肉类在价格上要更为便宜，使得人们在面对高价时，不会减少普通鸡蛋的消费。此外，模型结果显示，调研到的河北的城镇居民家庭在遇到普通鸡蛋价格超过心理最高价时，会更倾向于减少普通鸡蛋的购买量。

当品牌鸡蛋价格超过城镇居民家庭承受能力时，家庭月均收入对城镇居民家庭消费品牌鸡蛋具有显著的影响，即家庭月均收入越高的样本，则其越倾向于选择至少不减少品牌鸡蛋的消费量，说明收入仍然是影响城镇居民家庭品牌鸡蛋消费的关键因素；仅购买品牌鸡蛋的城镇居民家庭，其不会选择因品牌鸡蛋价格超过最高心理价，而减少品牌鸡蛋的消费，主要是因为购买品牌鸡蛋的人群往往对比过普通鸡蛋，在了解品牌鸡蛋优势的基础上，才会坚定地仅购买品牌鸡蛋消费，这类人群一般不会选择普通鸡蛋替代品牌鸡蛋，使得其仍继续保量购买品牌鸡蛋；鸡蛋消费量显著影响到了在品牌鸡蛋价格超过最高心理价的条件下城镇居民家庭的品牌鸡蛋消费倾向，鸡蛋消费量越少的城镇居民家庭，其倾向于不减少品牌鸡蛋的消费，主要原因在于其鸡蛋的消费量少，均摊到每日的支出较少，能够承担品牌鸡蛋因超高价而比以往多支出的花销；平衡膳食能够显著影响城镇居民对品牌鸡蛋的购买倾向，说明城镇居民购买鸡蛋会注重营养提供以及营养搭配，尤其是品牌鸡蛋往往比普通鸡蛋在营养、质量等方面更具优势，使得人们在面对高价时，不会减少品牌鸡蛋的消费。

表 5-6　Heckman 两阶段模型模拟结果

变量	普通鸡蛋价格超过承受能力		品牌鸡蛋价格超过承受能力		品牌鸡蛋与普通鸡蛋价差小	
	第一阶段	第二阶段	第一阶段	第二阶段	第一阶段	第二阶段
截距	0.424***	2.621***	0.741***	1.624***	0.748***	3.140***
有未成年人家庭	−0.006	−0.026	−0.046	−0.025	0.010	0.052
有孕产妇家庭	−0.021	−0.001	−0.028	−0.076	0.033	0.162
有老人家庭	0.012	0.161	0.065	0.143	0.032	0.178
少数民族家庭	−0.097*	−0.086	−0.007	−0.017	0.083	−0.162
家庭最高学历水平	−0.010	−0.173***	−0.023	−0.045	0.001	0.105**
家庭月均收入	−0.012*	−0.332***	−0.068**	−0.251***	−0.006**	−0.264***
商品房房贷	0.013	0.290**	0.041	0.035	0.001	0.293***
被访问者年龄	−0.016	0.025	−0.023	−0.089	−0.010	−0.122***
被访问者性别	0.047	—	−0.051	—	−0.036	—
仅购买品牌鸡蛋	—	−0.255	−0.443***	−0.062	−0.841

（续）

变量	普通鸡蛋价格超过承受能力		品牌鸡蛋价格超过承受能力		品牌鸡蛋与普通鸡蛋价差小	
	第一阶段	第二阶段	第一阶段	第二阶段	第一阶段	第二阶段
仅购买普通鸡蛋	−0.014**	−0.559***	—	—	0.061**	1.664***
鸡蛋消费量	−0.011	−0.177**	−0.103	−0.223**	−0.023**	−0.192***
鸡蛋质量安全评价	−0.022	−0.021	−0.022	−0.157	0.040*	0.026**
关注平衡膳食	−0.117***	−0.092	−0.217	−0.384*	−0.123***	−0.181
地区	−0.046	−0.849***	0.119	0.135	−0.026	−0.352***
逆米尔斯比率	—	3.427***	—	2.646***	—	3.053***

注：***、**和*分别表示在1%、5%和10%水平上显著。

当品牌鸡蛋与普通鸡蛋价差小时，家庭最高学历水平对城镇居民家庭的品牌鸡蛋消费倾向影响显著，若家庭最高学历越高，则其越倾向于在品牌与普通鸡蛋价差小时，增加品牌鸡蛋的购买，说明高学历家庭对于品牌与普通鸡蛋的认识上，品牌鸡蛋综合评估要比普通鸡蛋高；家庭月均收入对城镇居民家庭的品牌鸡蛋消费倾向具有负向的显著影响，即家庭月均收入越高，则其在品牌鸡蛋与普通鸡蛋价差小时，越倾向于选择保持原有的鸡蛋购买习惯，不会增加品牌鸡蛋的购买量，说明高收入人群对于鸡蛋价格的影响小、敏感度低；商品房房贷对城镇居民家庭的品牌鸡蛋消费倾向具有正向的显著影响，有房贷的家庭，其家庭收入每月都会扣除一部分，相对来说，也会减少日常的生活开销，当品牌鸡蛋与普通鸡蛋价差小时，其会倾向于增加品牌鸡蛋的购买量，从而合理购买鸡蛋；鸡蛋质量安全评价对城镇居民家庭的品牌鸡蛋消费倾向具有正向的显著影响，对鸡蛋质量安全评价越高的家庭，其会在品牌与普通鸡蛋价差小时，选择增加品牌鸡蛋的购买量，原因在于品牌鸡蛋在质量安全上更有保障；平衡膳食对城镇居民家庭的品牌鸡蛋消费倾向具有负向的显著影响，即越关注营养均衡的城镇居民家庭，其越不愿意打破原有的鸡蛋消费结构，而会选择在品牌鸡蛋与普通鸡蛋价差小时，保持原有的鸡蛋购买倾向。此外，模型结果显示，调研到的河北的城镇居民家庭在遇到品牌鸡蛋与普通鸡蛋价差小时，会更倾向于增加品牌鸡蛋的购买量。

四、 研究结论与对策建议

本章从消费者视角探讨了城镇居民家庭鸡蛋价格承受能力及消费倾向，得到以下结论：

一是购买普通鸡蛋的城镇居民家庭对普通鸡蛋价格的承受能力要高于购买品牌鸡蛋的，而对品牌鸡蛋价格的承受能力，则是购买品牌鸡蛋的城镇居民家庭更强。通过模型验证发现，家庭月均收入、家庭最高学历水平、购买习惯（仅购买一类鸡蛋）以及平衡膳食等因素是影响城镇居民家庭鸡蛋价格承受能力的关键因素。

二是当普通鸡蛋价格超过承受能力（即所能承受的最高价格）时，有 45.41％的样本减少鸡蛋的消费总量，没有样本会增加鸡蛋的消费。通过模型验证发现，家庭月均收入、家庭最高学历水平、仅购买普通鸡蛋、平衡膳食等变量是影响城镇居民家庭在普通鸡蛋价格超过承受能力时所选择减少普通鸡蛋消费的关键因素。

三是当品牌鸡蛋价格超过承受能力时，有约 2/3 的购买品牌鸡蛋的样本家庭会受到影响，平均会减少品牌鸡蛋消费 49.63％，但并不是减少了鸡蛋的消费，而是有大部分的样本家庭购买普通鸡蛋来补充由于品牌鸡蛋价格高而减少的消费量。通过模型验证发现，家庭月均收入、仅购买品牌鸡蛋、鸡蛋消费量、平衡膳食等变量是影响城镇居民家庭在品牌鸡蛋价格超过承受能力时所选择减少品牌鸡蛋消费的关键因素。

四是当品牌鸡蛋与普通鸡蛋价差小时，有超过一半的样本家庭会增加品牌鸡蛋的消费量，增加的品牌鸡蛋消费量大都替代了普通鸡蛋的消费量。通过模型验证发现，家庭最高学历水平、家庭月均收入、商品房房贷、仅购买品牌鸡蛋、鸡蛋质量安全评价、平衡膳食等变量是影响城镇居民家庭在品牌鸡蛋与普通鸡蛋价差小时所选择增加品牌鸡蛋消费的关键因素。

根据以上结论，本章提出以下四点稳定鸡蛋市场以及引导制定鸡蛋合理价格的对策建议。

第一，规避市场风险，稳定鸡蛋市场平稳运行。政府相关部门建立鸡蛋市场监测体系，系统梳理鸡蛋市场风险，形成完善的鸡蛋市场预警系统，并向全社会定期公布相关信息，避免居民鸡蛋消费受到市场风险的冲击。针对突发事件，尤其是重大疫情，建立重大或突发事件应对机制，保障鸡蛋市场的平稳运行。

第二，引导制定鸡蛋合理价格，保障各环节主体利益。政府相关部门尝试引导制定鸡蛋合理价格，系统掌握产业链各环节鸡蛋定价机制及主体利益，全面掌握居民对鸡蛋价格的心理预期，结合鸡蛋生产成本，指导鸡蛋市场定价，譬如青岛市蛋鸡业协会就采用以生产成本结合消费者心理预期，发布鸡蛋市场指导价。

第三，严控鸡蛋质量，满足人们鸡蛋需求。安全和营养程度是消费者愈发关注的鸡蛋品质，所以要制定鸡蛋质量标准，质检部门应严把鸡蛋质量关，保障鸡蛋的安全营养。在能保障为消费者提供安全放心鸡蛋的情况下，企业可针对不同收入、不同学历以及是否有房贷的人群，细分鸡蛋市场，为不同人群提供能够满足需求的鸡蛋。

第四，增强鸡蛋营养宣传，促进鸡蛋消费。针对人们对平衡膳食以及安全营养愈发关注的现象，政府可引导科研院校和鸡蛋生产企业举办一些科普活动，通过多样化的媒体对鸡蛋的营养、鸡蛋的品质等知识进行普及，让更多的消费者来了解鸡蛋，激发消费者对鸡蛋的购买需求。

CHAPTER 6 第六章
城镇居民高品质鸡蛋价格
支付意愿分析

　　我国是世界上最大的鸡蛋消费国，鸡蛋作为优质优价的动物蛋白质来源，已经成为人们最主要的畜禽消费品之一（孙从佼等，2019；朱宁等，2019）。随着居民生活水平的提升，人们对鸡蛋品质的要求越来越高，"吃的好""吃的健康"成为鸡蛋消费新趋势。高品质鸡蛋往往对应的是高价格，譬如由于品牌鸡蛋在鸡蛋品质上更有保障，其价格要明显高于普通鸡蛋。那么，消费者切实需要鸡蛋具备的品质有哪些？若存在达到消费者要求的高品质鸡蛋，则消费者所能够支付的鸡蛋价格是多少？哪些因素是影响消费者高品质鸡蛋价格支付意愿的关键因素？对于这三个问题的解答，目前学界还未能系统开展，但已有学者对消费者蔬菜、有机稻米、茶叶、水果、品牌鸡蛋、猪肉等农产品的价格支付意愿进行了实证分析，产品品质、收入水平、文化程度等因素是影响消费者是否有价格支付意愿的关键因素（陈军等，2012；周安宁等，2012；刘晓琳等，2015；姜百臣等，2017；李硕等，2017；王丽佳等，2018；董家田等，2019；梁志会等，2020）。该方面的研究能够为本章提供借鉴，但以往的研究缺乏对消费者所能支付的高品质农产品价格的实证分析，鉴于此，本章以城镇居民高品质鸡蛋价格支付意愿为例，着重解决以上所提到的三个问题，从而弥补目前研究的不足。具体将在探清城镇居民对鸡蛋品质要求的基础上，实证分析影响城镇居民支付高品质鸡蛋价格的关键因素，进而提出有关提升鸡蛋品质以及促进鸡蛋消费的对策建议。

一、 数据基本情况

进入 21 世纪以来，食品安全事件时有发生，使得人们对食品质量安全问题越来越关注，对食品品质的期望也越来越高，"吃的安全""吃的放心""吃的健康"已经成为人们食物消费的基本要求。就城镇居民对鸡蛋质量安全的评价看，调研到的城镇居民对鸡蛋质量安全的关注程度较高（表 6-1），达到了 3.65 分（5 分为满分）。对于鸡蛋质量安全的评价，虽然超过了 3 分，但未达到"比较好"的程度。就城镇居民对鸡蛋品质的心理预期看，调研到的 72.66% 的城镇居民认为所食用的鸡蛋未达到心理预期，其中，河北的城镇居民认为鸡蛋未达到心理预期的样本比例较高。

表6-1　城镇居民对鸡蛋质量安全的关注度及鸡蛋品质的心理预期统计

省份	质量安全关注程度（分）	质量安全评价（分）	城镇居民对鸡蛋品质的心理预期		
			能够达到预期（%）	达不到预期（%）	说不清（%）
北京（N＝615）	3.83	3.33	22.44	71.71	5.85
河北（N＝453）	3.42	3.27	22.08	73.95	3.97
总计（N＝1 068）	3.65	3.31	22.29	72.66	5.06

　　超过 2/3 的城镇居民认为鸡蛋品质未达到心理预期，那么，从消费者来讲，鸡蛋应该具有哪些品质呢？调研显示（表6-2），调研到的城镇居民中至少有一半的样本认为质量有保障、营养丰富、新鲜度、安全可靠是鸡蛋最需要具备的品质；有关鸡蛋外观的品质，如鸡蛋大小均匀、蛋壳洁净，有 1/3 的样本认为是鸡蛋该有的品质。综合来看，城镇居民对于鸡蛋品质的要求主要集中在质量安全、营养健康以及外观整洁等方面。

表6-2　城镇居民期望鸡蛋具有的品质统计

单位:%

省份	质量有保障	营养丰富	鸡蛋大小均匀	产品可追溯	新鲜度	便于携带
北京（N＝615）	69.59	73.98	30.08	21.79	56.91	7.80
河北（N＝453）	85.78	84.58	14.70	28.92	81.93	9.40
总计（N＝1 068）	73.41	75.47	23.03	23.78	64.61	8.15

省份	安全可靠	蛋壳洁净	好吃	有小时候的味道	鸡蛋功能	其他
北京（N＝615）	50.57	27.64	40.00	9.27	2.11	3.90
河北（N＝453）	55.18	10.60	33.49	14.46	2.65	1.69
总计（N＝1 068）	50.56	20.04	36.05	10.96	2.25	2.90

　　若鸡蛋能够达到城镇居民对品质的要求（表6-3），则调研到

的北京城镇居民愿意支付 16.31 元/千克购买、河北城镇居民愿意支付 11.09 元/千克购买，从总样本来看，调研到的城镇居民愿意支付 14.10 元/千克购买。与城镇居民所能承受的最高价格对比来看，城镇居民由于对鸡蛋品质的追求，其所能支付的鸡蛋价格要高于所能承受的普通鸡蛋最高价格，但要低于所能承受的品牌鸡蛋最高价格，这一结果说明，城镇居民为了食用到所期望的高品质鸡蛋，其能够支付相对较高的价格。

表 6-3　城镇居民对高品质鸡蛋的价格支付意愿统计

单位：元/千克

省份	若鸡蛋达到品质要求，则愿意支付的鸡蛋价格	能承受的普通鸡蛋最高价格	能承受的品牌鸡蛋最高价格
北京（N=615）	16.31	14.07	22.56
河北（N=453）	11.09	9.79	23.36
总计（N=1 068）	14.10	12.26	22.88

二、 研究方法及变量选择

(一) 研究方法

影响城镇居民高品质鸡蛋价格支付意愿的关键因素拟利用分位数回归方法验证，该方法能够避免最小二乘法以及分类模型与实际不符的假定（该假定为随机干扰项满足于自身和自变量互不相关且均值为零方差相同的正态分布），而且分位数回归方法能够更充分反映自变量对不同部分因变量的分布产生不同影响，得到的参数估计量不容易受到异常值影响，从而估计更稳健。

对于分位数回归而言，设随机变量 Y 的分布函数为 $F(y)=P(Y\leqslant y)$，则 Y 的第 τ 分位数可定义为：

$$Q(\tau)=\inf\{y: F(y)\geqslant\tau\} \qquad (6-1)$$

式中，$0<\tau<1$ 代表在回归线或回归平面以下的数据占全体数据的百分比，分位函数的特点是变量 y 的分布中存在比例为 τ 的部分小于分位数 $Q(\tau)$，而比例 $(1-\tau)$ 的部分大于分位数 $Q(\tau)$，y 的整个分布被 τ 分为两部分。对于任意的 $0<\tau<1$，定义"检验函数" $\rho_\tau(u)$ 为：

$$\rho_\tau(u)=\begin{cases}\tau u, & y_i\geqslant x_i'\beta \\ (1-\tau)u, & y_i<x_i'\beta\end{cases} \qquad (6-2)$$

式中，u 为反映检验函数的参数，而 $\rho_\tau(u)$ 表示被解释变量 y 的样本点处于 τ 分位以下和以上时的检验函数关系，假设分位数回归模型为：

$$y_i=x_i'\beta(\tau)+\varepsilon(\tau)_i \qquad (6-3)$$

在具体估计过程中可假定 $u=1$，则对于 τ 分位数的样本分位数线性回归是求满足 $\min\sum_\beta\rho_\tau[y_i-x_i'\beta(\tau)]$ 的解 $\beta(\tau)$，其展开式为：

$$\min\left\{\sum_{y_i\geqslant x_i'\beta(\tau)}\tau|y_i-x_i'\beta(\tau)|+\sum_{y_i\geqslant x_i'\beta(\tau)}(1-\tau)|y_i-x_i'\beta(\tau)|\right\}$$

$$(6-4)$$

在线性条件下，给定 x 后，y 的 τ 分位数函数为：

$$Q(\tau|x)=x_i'\beta(\tau) \qquad (6-5)$$

在不同的 τ 分位数下，可以得到不同的分位数函数。随着 τ 取值由 0 至 1，可得所有 y 在 x 上的条件分布轨迹，即一簇曲线，而不像 OLS 等方法只得到一条曲线。

（二）变量选择

结合调研的情况以及已有的研究（陈军等，2012；周安宁等，2012；刘晓琳等，2015；姜百臣等，2017；李硕等，2017；王丽佳等，2018；董家田等，2019；梁志会等，2020），对于被解释变量的选择，本章选取城镇居民愿意支付的高品质鸡蛋价格作为分位数回归方法的被解释变量。对于解释变量的选择，拟选取家庭特征变量、食用及品质特征变量、地区特征变量作为影响城镇居民高品质鸡蛋价格支付意愿的关键因素（表6-4）。下面将对解释变量的选择进行具体分析。

1. 家庭特征变量

就实际调研的情况看，因家庭成员的特殊性可以把城镇居民家庭分为三类，即未成年人家庭、孕产妇家庭以及老人家庭。未成年人家庭从未成年人长身体的需要，对鸡蛋品质是有较高要求的，为了保障未成年人的营养需求，愿意支付的高品质鸡蛋价格可能较高，但需模型做验证。孕产妇家庭比较注重孕产妇的营养，势必对鸡蛋品质有较高要求，但鸡蛋可能是孕产妇补充营养的次要选择，支付较高价格购买高品质鸡蛋可能意愿较低，该论断需要验证。老人家庭倾向于购买高品质的鸡蛋，但由于老人比较节俭，可能不倾向于出较高价格购买高品质鸡蛋，本章拟进行验证。受教育程度越高的人群，能够对鸡蛋品质、营养健康等信息了解得更多，该类人群对鸡蛋品质的要求更明晰、更高，对符合品质要求的鸡蛋价格支付意愿越强，但需要引入到模型中予以验证；家庭月均收入和商品房房贷影响城镇居民的购买力，极有可能影响到城镇居民对鸡蛋价格的支付意愿，这两个变量也将引入到模型中加以验证。

2. 食用及品质特征变量

调研到的城镇居民鸡蛋消费可分为仅食用品牌鸡蛋、仅食用普通鸡蛋以及两种鸡蛋都食用等三类，消费不同类别鸡蛋的人群在支付能力上存在差异。一般来讲，仅食用品牌鸡蛋的城镇居民因品牌鸡蛋价格较高，使得其对鸡蛋的价格支付能力较强，食用普通鸡蛋和品牌鸡蛋的人群其比仅食用品牌鸡蛋的城镇居民在鸡蛋价格支付能力上相对较弱，但比仅食用普通鸡蛋的城镇居民要强，为了探究不同鸡蛋消费人群在鸡蛋价格支付意愿上的差异，本章将引入了虚拟变量予以验证。城镇居民所认为的鸡蛋应该具备的品质，是其高品质鸡蛋价格支付意愿的基础，为此，本章引入质量有保障、营养丰富、鸡蛋大小均匀、产品可追溯、新鲜度、便于携带、安全可靠、蛋壳洁净、好吃、有小时候的味道、鸡蛋功能等品质变量，验证以上哪些鸡蛋品质会显著影响城镇居民高品质鸡蛋价格支付意愿。

3. 地区特征变量

本章拟引入地区特征虚拟变量探究城镇居民高品质鸡蛋价格支付意愿的地区差异，结合实地调研的情况，地区特征虚拟变量共1个（北京取值为1，河北取值为0）。

表6-4　变量统计

变量类别	具体变量	含义	均值（N=1 068）
家庭特征	有未成年人家庭	1=是；0=否	0.70
	有孕产妇家庭	1=是；0=否	0.03
	有老人家庭	1=是；0=否	0.23
	家庭最高学历水平	对学历层次进行赋值[a]	4.67

（续）

变量类别	具体变量	含义	均值（N＝1 068）
家庭特征	家庭月均收入	对月均收入分级赋值[b]	2.62
	商品房房贷	1＝有；0＝没有	0.29
食用及品质特征	仅食用品牌鸡蛋	1＝品牌鸡蛋；0＝其他	0.18
	仅食用普通鸡蛋	1＝普通鸡蛋；0＝其他	0.53
	质量有保障	1＝应该具备；0＝可不具备	0.73
	营养丰富	1＝应该具备；0＝可不具备	0.75
	鸡蛋大小均匀	1＝应该具备；0＝可不具备	0.23
	产品可追溯	1＝应该具备；0＝可不具备	0.24
	新鲜度	1＝应该具备；0＝可不具备	0.65
	便于携带	1＝应该具备；0＝可不具备	0.08
	安全可靠	1＝应该具备；0＝可不具备	0.51
	蛋壳洁净	1＝应该具备；0＝可不具备	0.20
	好吃	1＝应该具备；0＝可不具备	0.36
	有小时候的味道	1＝应该具备；0＝可不具备	0.11
	鸡蛋功能	1＝应该具备；0＝可不具备	0.02
地区特征	地区	1＝北京市；0＝河北省	0.58

注：a 为家庭最高学历水平，分级及赋值为：1＝小学及以下；2＝初中；3＝高中、中专、技校；4＝大专；5＝本科；6＝研究生。b 为家庭月均收入，分级及赋值为：1＝0～5 000 元；2＝5 001～10 000 元；3＝10 001～20 000 元；4＝20 000 元以上。

三、结果分析

利用计量软件得到了如表6－5所示的分位数回归结果，依据城镇居民高品质鸡蛋价格支付意愿分布情况选取了0.25、0.50、0.75三个分位点，模型结果均通过了整体检验，能够支撑本部分的分析内容。下面将不同分位点共同的显著因素以及不同的显著因素做具体分析。

就不同分位点共同的显著因素来看，有老人家庭对城镇居民高品质鸡蛋价格支付意愿具有显著的负向影响，说明有老人家庭一般老人作为购买食物的主要人员，受老人更看重物美价廉消费习惯的影响，虽然倾向于购买到高品质鸡蛋，但不愿意出高价购买高品质鸡蛋。家庭月均收入对城镇居民高品质鸡蛋价格支付意愿具有显著的正向影响，说明家庭月均收入是保障城镇高品质鸡蛋消费的基础，且收入越高的人群，其所能承受的高品质鸡蛋价格越高，这与前文的论断以及基本的经济学理论一致。鸡蛋不同消费人群在高品质鸡蛋价格支付意愿上具有显著的差异，其中，仅食用品牌鸡蛋的城镇居民对于高品质鸡蛋的支付意愿比较强烈，愿意支付较高的价格，这与食用品牌鸡蛋的城镇居民的价格承受力高有关；仅食用普通鸡蛋在 0.25 和 0.50 的分位点上，对城镇居民高品质鸡蛋价格支付意愿具有显著的正向影响，而在 0.75 的分位点上，对城镇居民高品质鸡蛋价格支付意愿具有显著的负向影响，说明随着高品质鸡蛋价格的增加，仅食用普通鸡蛋的人群的价格承受力存在拐点，具体表现在 0.75 的分位点上，变量的作用方向出现了反转。以上两个变量在不同分位点显著，也表明食用品牌鸡蛋和普通鸡蛋两种鸡蛋的城镇居民对高品质鸡蛋价格具有较高的支付意愿，表明该类人群由于能够购买较高价格的品牌鸡蛋消费，适得其对高品质鸡蛋的高价也具有较高的承受能力。营养丰富对城镇居民高品质鸡蛋价格支付意愿具有显著的正向影响，说明城镇居民现在愈发重视食物营养以及营养均衡，愿意为了购买营养丰富的鸡蛋而支付较高的价格。此外，城镇居民高品质鸡蛋价格支付意愿存在明显的地区差异，作为与鸡蛋主产区的河北相比，主销区的北京城镇居民对高品质鸡蛋的支付金额更高，这与北京城镇居民收入水平相对较高以及购买力较强有关，同时，这也与前文的统计结果一致。

就不同分位点不同的显著因素来看，有未成年人家庭在 0.25 分位点上显著影响城镇居民高品质鸡蛋价格支付意愿，在 0.50、0.75 分位点上虽然不显著影响城镇居民高品质鸡蛋价格支付意愿，但影响方向是正向的，说明未成年人家庭有高品质鸡蛋的需求，可以支付较高的价格来购买；有孕产妇家庭在 0.50、0.75 分位点上对城镇居民高品质鸡蛋价格支付意愿具有显著的负向影响，说明有孕产妇的家庭不愿意为了获得高品质鸡蛋而支付较高的价格，这与孕产妇其他畜产品、水产品等动物蛋白食用量高以及鸡蛋食用量少有关；家庭最高学历在 0.25 分位点上显著影响城镇居民高品质鸡蛋价格支付意愿，说明高学历家庭比较理性，对高品质鸡蛋的价值衡量偏保守，倾向于以偏低的价格购买高品质鸡蛋；商品房房贷在 0.50 分位点上显著影响城镇居民高品质鸡蛋价格支付意愿，说明商品房房贷影响到了城镇居民的日常消费，制约了城镇居民高品质鸡蛋的消费，尤其是影响到了高品质鸡蛋的高价支付能力；质量有保障在 0.50 分位点上显著影响城镇居民高品质鸡蛋价格支付意愿，说明鸡蛋质量对城镇居民高品质鸡蛋非常重要，若鸡蛋质量有保障，则城镇居民愿意出较高的价格购买，若鸡蛋质量不能保障，则城镇居民不愿意出较高的价格购买；鸡蛋大小均匀、蛋壳洁净在 0.25 分位点上显著影响城镇居民高品质鸡蛋价格支付意愿，说明城镇居民对于鸡蛋外观还是有要求的，外观作为城镇居民购买鸡蛋的第一印象，会影响其所支付的价格；产品可追溯在 0.75 分位点上显著影响城镇居民高品质鸡蛋价格支付意愿，说明若鸡蛋可追溯，则城镇居民愿意支付较高的价格购买鸡蛋；好吃在 0.50 分位点上显著影响城镇居民高品质鸡蛋价格支付意愿，说明口感对于城镇居民食用鸡蛋的重要性，为了获得好吃的鸡蛋，其愿意支付较高的价格；鸡蛋功能在 0.50、0.75 分位点上显著影响城镇居民高品质鸡蛋价格支付意愿，说明城镇居民对于鸡蛋多功能性有需求，而这种需求能够转化为相对较高价格的购买。

表 6－5　模拟结果

变量名称	分位点		
	0.25	0.50	0.75
截距	0.991***	1.501***	2.626***
有未成年人家庭	0.121**	0.039	0.430
有孕产妇家庭	−0.219	−0.420*	−1.303***
有老人家庭	−0.343***	−0.449***	−0.682***
家庭最高学历水平	0.213***	0.104	0.127
家庭月均收入	0.398***	0.650***	0.748***
商品房房贷	−0.135	−0.289**	−0.380
仅食用品牌鸡蛋	0.401*	1.270***	2.803***
仅食用普通鸡蛋	0.268**	0.049*	−0.759**
质量有保障	0.155	0.343**	0.127
营养丰富	0.348***	0.496***	0.741***
鸡蛋大小均匀	0.334**	0.227	0.062
产品可追溯	0.097	0.191	0.629*
新鲜度	0.104	0.001	0.414
便于携带	−0.153	−0.309	−0.839***
安全可靠	0.007	0.007	0.230
蛋壳洁净	0.413**	0.161	0.363
好吃	0.131	0.386***	0.438
有小时候的味道	0.239	0.001	0.436
鸡蛋功能	0.324	2.267**	2.451***
地区	1.249***	1.785***	2.503***

注：***、**和*分别表示在 1%、5% 和 10% 水平上显著。

四、 研究结论与对策建议

本章基于品质要求实证分析了城镇居民高品质鸡蛋价格支付意愿，得到以下结论：一是城镇居民对鸡蛋质量安全的关注度较高，对鸡蛋质量安全的评价尚未达到"比较好"的程度，主要原因在于有超过 2/3 的样本认为所食用鸡蛋的品质未达到心理预期，城镇居民希望能购买到高品质的鸡蛋，尤其是质量安全有保障、营养健康以及外观整洁的鸡蛋；二是若存在达到城镇居民对品质要求的鸡蛋，则城镇居民愿意支付较高的价格购买高品质鸡蛋，所能支付的鸡蛋价格要高于其所能承受的普通鸡蛋最高价格，但要低于所能承受的品牌鸡蛋最高价格；三是经模型验证，鸡蛋品质（营养丰富、质量有保障、外观、口感以及功能）是城镇居民高品质鸡蛋价格支付意愿的基础，收入和商品房房贷则是制约城镇居民购买高品质鸡蛋支付高价的关键因素，而有老人和孕产妇的家庭倾向于低价购买高品质鸡蛋，普通与品牌鸡蛋的不同消费人群对于高品质鸡蛋价格的支付意愿具有显著差异。此外，城镇居民对高品质鸡蛋的价格支付意愿还存在明显的地区差异。

根据以上结论，本章提出以下三点提升鸡蛋品质以及促进鸡蛋消费的对策建议。

第一，生产高品质鸡蛋。从事蛋鸡育种、饲料营养研究的科研人员应该对鸡蛋品质的提升提供科技支撑，建立健全产学研体系，促进科技成果的研发、示范、推广，生产出能够达到消费者品质要求的鸡蛋。蛋鸡养殖企业或养殖户应该重视消费者对鸡蛋品质的需求，引进生产高品质鸡蛋的技术，以市场需求定生产供给，尤其是着重在营养、质量安全、外观、口感以及功能等方面对鸡蛋品质进行提升，并建立可追溯体系，为消费者提供质量追溯保障。

第二，细分鸡蛋市场。针对普通鸡蛋、品牌鸡蛋消费人群以及有未成年人、老人、孕产妇的家庭，鸡蛋生产主体及经销主体可依此做市场细分，推出能够满足不同人群的鸡蛋。而且还可以针对消费者所重点关注的鸡蛋品质，做具体的市场细分，不同品质的鸡蛋吸引不同的消费人群。也就是说，不仅针对消费人群细分市场，还要针对鸡蛋品质细分市场，从而产销对接，提振鸡蛋消费。

第三，增强居民鸡蛋消费信心。针对消费者对鸡蛋品质的预期，提供达到消费者品质要求的鸡蛋，并由政府引导科研院校和鸡蛋生产企业利用"线上＋线下"等方式，举办有关鸡蛋营养、鸡蛋食用、蛋品安全等方面的科普活动，普及有关鸡蛋品质与身体健康的知识，让更多的消费者科学认知鸡蛋、科学食用鸡蛋，减轻及消除人们对鸡蛋的消费误区，增强居民鸡蛋消费信心。

非洲猪瘟疫情影响下城镇居民
家庭畜产品消费替代研究*

2018 年 8 月非洲猪瘟疫情暴发以来，我国生猪产能持续下滑。据农业农村部的监测数据统计，2019 年前 6 个月，我国生猪存栏量和能繁母猪存栏量与上年同期相比，已经连续 6 个月下降幅度在 10％以上，就 2019 年 7 月份的情况来看，生猪存栏环比下降 9.4％，同比下降了 32.2％，作为生猪生产能力关键指标的能繁母猪存栏环比下降了 8.9％（仍超过了 5％的预警线），同比下降了 31.9％，虽然 2019 年 8 月份以后生猪产能有所恢复，但猪肉市场供应仍然偏紧，猪肉价格高位运行，自 2019 年 2 月份以来持续上涨，2019 年 11 月猪肉价格上涨到全年最高价 47.10 元/千克，比

---

* 发表于《农村经济》2020 年第 4 期。

2018 年 11 月上涨了 143.92％。在猪肉供给偏紧、价格高涨背景下，人们为了达到营养目标、满足日常食物需求，会选择其他畜产品以替代猪肉消费。据农业农村部市场与信息化司发布的信息来看，2019 年下半年猪肉供需关系趋紧，猪价上涨压力大，但由于禽肉、鸡蛋、牛奶等畜禽产品产量增加，供应比较充裕，其他畜产品对猪肉的消费替代明显，畜产品的消费结构调整加快。那么，在非洲猪瘟疫情影响下，开展有关城镇居民家庭畜产品消费替代问题的研究，对于了解居民畜产品消费结构以及缓解非洲猪瘟影响具有重要意义。

非洲猪瘟疫情发生是从 2018 年 8 月开始的，对非洲猪瘟疫情的研究成果在人文社科领域较少，已有的研究主要是对非洲猪瘟疫情的影响进行了探索性研究。研究发现，非洲猪瘟疫情对中国生猪产业可能形成巨大且长期的影响（聂赟彬等，2019），一方面会造成生猪饲养量大幅下降，造成猪肉供给不足；另一方面猪肉价格将在近期处于一个较高水平（胡向东等，2019），且其他肉类产量以及禽蛋的价格也会保持高位（段琮琮等，2019），最终导致整体物价水平的上涨（胡浩等，2019）。学者对其他重大疫情的研究来看，多集中在分析重大疫情对畜禽产品价格的影响（朱宁等，2015；周力等，2016；蔡勋等，2017；牛元帅，2018；郑燕等，2018）、重大疫情对畜禽养殖效益的影响（于乐荣等，2009）、重大疫情暴发背景下养殖户上报意愿及生产调整行为（林光华等，2012；闫振宇等，2012；朱宁等，2015；李婕等，2016；刘明月等，2017）、重大疫情暴发背景下养殖户损失及扑杀补偿（张莉琴等，2009；梅付春等，2008；刘明月等，2017；田璞玉等，2018、2019）等方面，对重大疫情影响消费者购买决策影响的研究，仅从单一畜产品的角度开展了统计分析（闫振宇等，2014）。总的来看，以上研究未能分析重大疫情暴发背景下居民家庭畜产品消费替代问题，尤其是目前还未对非洲猪瘟疫情影响下城镇居民家庭畜产品消费问题进行实证研究。

本章以非洲猪瘟疫情为背景，在对城镇居民家庭畜产品消费结构分析的基础上，探讨畜产品消费替代问题，以期能够揭示和评估重大疫情影响下居民家庭畜产品消费结构变化情况，为缓解非洲猪瘟的影响以及提振畜产品消费提供参考依据。

一、 研究方法

为了避免调研抽样设计无法消除的样本选择性偏差问题，本章对比了分类模型以及多阶段模型的特性，最终选取了能够消除样本选择性偏差问题的 Heckman 两阶段模型，用于实证分析影响城镇居民家庭畜产品消费替代的因素。

第一阶段采用 Probit 模型分析城镇居民是否选择了畜产品消费替代以及选择了哪种畜产品替代猪肉消费。

$$p_i^* = Z_i\gamma + \mu_i$$

$$p_i = \begin{cases} 1, & if \quad Z_i\gamma + \mu_i > 0 \\ 0, & if \quad Z_i\gamma + \mu_i \leqslant 0 \end{cases} \qquad (7-1)$$

式中，p_i^* 为城镇居民家庭畜产品消费替代的概率，若城镇居民家庭选择了用其他畜产品替代猪肉消费，则 $p_i = 1$；若城镇居民家庭未选择其他畜产品替代猪肉消费，则 $p_i = 0$。Z_i 为解释变量，γ 为待估系数，μ_i 为随机扰动项。在上式的基础上，计算得到逆米尔斯比率 λ 作为第二阶段的修正参数。

$$\lambda = \frac{\phi\ (Z_i\gamma/\sigma_0)}{\varphi\ (Z_i\gamma/\sigma_0)} \tag{7-2}$$

式中，$\phi\ (Z_i\gamma/\sigma_0)$ 为标准正态分布的密度函数，$\varphi\ (Z_i\gamma/\sigma_0)$ 为相应的累积密度函数。

第二阶段，选择 $p_i=1$ 的样本利用最小二乘法（OLS 方法）对方程进行估计，并将逆米尔斯比率 λ 作为额外变量以纠正样本选择性偏误，即：

$$y_i = \beta X_i + \alpha\lambda + \eta_i \tag{7-3}$$

式中，y_i 为第二阶段的被解释变量，即城镇居民家庭用其他畜产品替代猪肉消费的水平或比例，α、β 为待估系数。如果系数 α 通过了显著性检验，则选择性偏差是存在的，表示 Heckman 两阶段估计方法对于纠正样本选择性偏差的效果，因此，采用 Heckman 备择模型是合适的。

此外，Heckman 两阶段模型要求 X_i 是 Z_i 的一个严格子集，即 Z_i 中至少有一个元素不在 X_i 中，也就是说至少存在一个影响城镇居民家庭是否选择其他畜产品替代猪肉消费但对 $\ln y_i$ 没有偏效应的变量。

二、 变量选择

（一）基本情况

就非洲猪瘟疫情对城镇居民家庭畜产品消费的影响来看（表 7-1），有 65.07% 的样本在畜产品消费方面受到了非洲猪瘟疫情的影响，其中，与非洲猪瘟疫情暴发前相比，牛肉消费量增加了

24.86％、羊肉消费量增加了 16.17％、鸡蛋消费量增加了11.83％、鸡肉消费量增加了 9.89％。北京与河北在畜产品消费替代方面略有差异，其中，北京牛肉、羊肉以及鸡蛋替代猪肉消费而增加的消费比例要比河北大，仅鸡肉替代猪肉消费比例增加量河北比北京多。总的来看，牛肉和羊肉替代猪肉的消费比例增加量比较高，其次是鸡蛋和鸡肉，其他畜禽产品对猪肉的替代消费不明显。

表 7-1　非洲猪瘟疫情对城镇居民家庭畜产品消费的影响统计

单位：％

省份	鸡蛋消费量增加比例	牛肉消费量增加比例	羊肉消费量增加比例	鸡肉消费量增加比例
北京（N＝369）	13.18	32.10	23.58	9.90
河北（N＝326）	10.30	16.66	7.79	9.88
总计（N＝695）	11.83	24.86	16.17	9.89

（二）变量选择

如表 7-2，结合调研的情况以及相关的研究，本章选取以下几类变量作为影响城镇居民家庭畜产品消费替代的关键因素：家庭特征变量、消费特征变量以及地区特征变量。结合本研究的具体内容，Heckman 两阶段模型的变量包括家庭特征变量（老人家庭、未成年人家庭、孕妇家庭、少数民族家庭、家庭月均收入、家庭最高学历、被访问者年龄、房贷）、消费特征变量（非洲猪瘟疫情影响程度、平衡膳食）以及地区特征变量（北京、河北）。

表 7 - 2　Heckman 两阶段模型变量选取及基本情况

变量类型	变量名称	变量含义	均值
家庭特征变量	老人家庭	1＝家庭有 60 岁及以上老人； 0＝家庭没有 60 岁及以上老人	0.49
	未成年人家庭	1＝家庭有未成年人；0＝家庭没有未成年人	0.56
	孕妇家庭	1＝家庭有孕妇；0＝家庭没有孕妇	0.03
	少数民族家庭	1＝少数民族家庭；2＝非少数民族家庭	0.06
	家庭月均收入	1＝0～5 000 元；2＝5 001～10 000 元； 3＝10 001～20 000 元；4＝20 000 元以上	2.62
	家庭最高学历	1＝小学及以下；2＝初中；3＝高中或中专、 高职；4＝大专；5＝本科；6＝研究生	4.67
	被访问者年龄	1＝21～35 岁；2＝36～45 岁；3＝46～55 岁； 4＝56 岁以上	2.84
	房贷	1＝有房贷；0＝无房贷	0.29
消费特征变量	非洲猪瘟疫情影响程度	1＝没有影响；2＝略有影响；3＝有影响； 4＝影响较大；5＝影响非常大	2.02
	平衡膳食	1＝关注平衡膳食；0＝未关注平衡膳食	0.90
地区特征变量	地区	1＝北京；0＝河北	0.58

1. 家庭特征变量

因家庭成员的差异可以分为几类家庭，其中比较典型的包括老人家庭、未成年人家庭、孕妇家庭，这三类人群均属于特殊人群，对于畜产品的消费具有明显的导向作用，本章拟进行验证；少数民族的饮食习惯与汉族不同，需要在模型中予以考量；收入是影响食品消费的重要因素，尤其是畜产品相对较高的价格，收入仍然是保障或制约畜产品消费的主要因素，但收入对畜产品替代的影响如何，还需模型予以验证；受教育程度高往往对事物的认知程度较深，对于非洲猪瘟疫情有明确的判断，尤其对选择哪种畜产品替代猪肉消费具有决断力；被访问者是熟知家庭畜产品消费情况的，且大都参与畜产品的购买，而不同年龄段的消费者对畜产品的选择具有差异；商品房贷款是城镇居民家庭影响食物消费的重要因素，尤其是畜产品相比蔬菜、水果等食物的价格更高，使得有房贷的家庭在购买畜产品方面会受到制约，因此，本章拟引入该变量论证城镇居民家庭畜产品消费问题。

2. 消费特征变量

在非洲猪瘟疫情背景下，不同的被访问家庭对非洲猪瘟疫情影响的承受能力存在差异，该差异会影响到其他畜产品对猪肉的替代，因此，拟将非洲猪瘟疫情影响程度作为变量引入到模型中，实证分析被访问家庭非洲猪瘟疫情影响的承受能力对畜产品消费替代的作用；膳食营养对人们的消费结构影响较大，尤其是收入相对较高的城镇居民，畜产品作为调节人们食物营养的重要食物，非洲猪瘟疫情暴发背景下，人们对畜产品消费的结构可能会有调整，因此，拟将平衡膳食作为重要变量引入到模型中。

3. 地区特征变量

该类变量包括一个虚变量，其中，取值"1"代表北京（东城区、西城区、海淀区、朝阳区、丰台区、石景山区），取值"0"代表河北（石家庄市、保定市以及邯郸市的城区），拟通过地区特征变量探究非洲猪瘟疫情背景下城镇居民家庭畜产品消费替代的地区差异。

三、 结果分析

本研究采用 Stata 15.0 软件对 Heckman 两阶段模型进行了模

拟。从模拟结果来看，逆米尔斯比率在 1％或 5％的水平上显著，表明城镇居民家庭畜产品消费替代存在样本选择性偏误问题，也表明本研究使用 Heckman 两阶段模型是合适的。模型的结果如表 7-3所示，显著因素分析如下。

非洲猪瘟疫情影响下城镇居民家庭牛肉替代猪肉消费的 Heckman 两阶段模型中有 4 个相同的显著因素，从模型结果来看，老人家庭不会选择牛肉作为猪肉的替代畜产品，究其原因在于牛肉的肉质偏硬，老人食用牛肉困难；家庭月均收入较高的人群会选择牛肉作为猪肉的替代品进行消费，说明收入仍是决定城镇居民家庭畜产品消费结构的重要因素之一；房贷与城镇居民牛肉替代猪肉消费有关，但并不是有房贷，城镇居民牛肉消费的增加量就越高，而是没有房贷的城镇居民更倾向于选择牛肉作为猪肉的替代畜产品消费；城镇居民对非洲猪瘟疫情影响程度的判断显著影响到了其畜产品消费结构，认为非洲猪瘟疫情影响程度高的城镇居民，其增加牛肉消费的量越多，反之则越少。此外，第一阶段模型中，地区变量显著，说明北京与河北具有显著的差异，且北京城镇居民相比河北更倾向于选择牛肉作为猪肉的替代品。

非洲猪瘟疫情影响下城镇居民家庭羊肉替代猪肉消费的 Heckman 两阶段模型中仅有 1 个相同的显著因素，即地区变量，说明城镇居民是否选择羊肉替代猪肉以及羊肉因替代猪肉而增加的消费存在区域间的差异，其中，与河北相比，北京城镇居民家庭更会选择羊肉作为猪肉的替代消费品，但选择增加羊肉消费量的样本中，河北城镇居民羊肉增加的量要明显高于北京。第一阶段模型中少数民族家庭是显著变量，说明少数民族家庭因食物消费习惯的原因，其会选择羊肉作为猪肉的替代消费品。第二阶段模型的显著因素有家庭月均收入、房贷，其中，家庭月均收入越高，则城镇居民购买羊肉的量增加相对较多；有房贷的家庭，其不会选择或增加少量的比猪肉更贵的羊肉作为消费替代品。

表 7 - 3　Heckman 两阶段模型结果（一）

变量	牛肉		羊肉	
	是否替代猪肉	增加消费量	是否替代猪肉	增加消费量
截距	0.210**	−2.147***	2.048*	−2.468***
老人家庭	−0.043*	−0.166*	−0.114	0.090
未成年人家庭	−0.015	0.064	−0.046	0.061
孕妇家庭	−0.075	0.126	−0.276	0.485
少数民族家庭	−0.016	0.227	0.110*	0.066
家庭月均收入	0.062***	0.036***	0.023	0.146**
家庭最高学历	0.023	0.153***	0.003	0.072
被访问者年龄	0.034		0.040	—
房贷	0.041*	−0.017**	0.011	−0.089**
非洲猪瘟疫情影响程度	0.070**	0.724***	0.327	0.549
平衡膳食	0.067	0.006	−0.014	−0.026
地区	0.126***	−0.103	0.337**	−0.206*
逆米尔斯比率	—	4.246***	—	3.913***

注：***、**和 * 分别表示在 1％、5％和 10％水平上显著。

非洲猪瘟疫情影响下城镇居民家庭鸡肉替代猪肉消费的 Heck-man 两阶段模型中有 2 个相同的显著因素，分别是非洲猪瘟疫情影响程度和地区变量，其中，城镇居民对非洲猪瘟疫情影响程度的判断会影响到是否选择增加鸡肉消费以替代猪肉，且认为非洲猪瘟疫情影响程度越高的居民，其增加鸡肉消费的量越大；地区变量显著，在第一阶段模型中说明北京城镇居民比河北城镇居民更倾向于选择增加鸡肉消费以替代猪肉，在第二阶段模型中说明在选择增加鸡肉消费量的样本中，河北城镇居民增加的消费量更多。此外，在第二阶段模型中，未有未成年人的家庭会增加鸡肉的购买替代猪肉消费，这一结果对于引导畜产品消费具有参考价值；少数民族家庭也会增加鸡肉的购买替代猪肉消费，这与少数民族的消费习惯有关，尤其是有部分少数民族并不食用猪肉，在牛肉和羊肉价格均在上涨的背景下，其会增加鸡肉作为替代品消费。

非洲猪瘟疫情影响下城镇居民家庭鸡蛋替代猪肉消费的 Heckman 两阶段模型中仅有 1 个相同的显著因素，即城镇居民对非洲猪瘟疫情影响程度的判断，若城镇居民认为非洲猪瘟疫情的影响程度较高，则其会选择增加鸡蛋消费以减少猪肉的消费。第一阶段模型中地区变量是显著的，表明北京的城镇居民在非洲猪瘟疫情暴发的背景下，倾向于选择鸡蛋部分替代猪肉的消费，而河北的城镇居民该种消费倾向不明显。第二阶段模型中，家庭月均收入显著影响到了城镇居民家庭鸡蛋替代猪肉的消费，若收入水平高，则鸡蛋消费增加量越高；房贷成为影响城镇居民鸡蛋替代猪肉消费的关键因素之一，说明房贷的压力会传导到人们的日常消费；平衡膳食对城镇居民鸡蛋替代猪肉消费的影响显著，说明在人们对膳食营养关注度越来越高的背景下，由于非洲猪瘟疫情导致的猪肉供应紧缺、价格上涨，人们为了维持或保障膳食平衡，会选择鸡蛋作为替代品获取动物蛋白（表 7-4）。

表 7-4　Heckman 两阶段模型结果（二）

变量	鸡肉		鸡蛋	
	是否替代猪肉	增加消费量	是否替代猪肉	增加消费量
截距	0.133**	−0.877***	0.075*	−1.917***
老人家庭	0.041	0.035	0.021	0.168*

（续）

变量	鸡肉		鸡蛋	
	是否替代猪肉	增加消费量	是否替代猪肉	增加消费量
未成年人家庭	−0.016	0.303***	0.016	−0.091
孕妇家庭	−0.052	0.001	−0.067	0.264
少数民族家庭	0.061	0.621**	0.024	0.191
家庭月均收入	0.037	0.192***	0.006	0.104**
家庭最高学历	0.034	0.088*	0.016	−0.094
被访问者年龄	0.006	—	0.018	—
房贷	0.030	0.115	0.001	−0.218**
非洲猪瘟疫情影响程度	0.027**	0.437***	0.001*	0.479***
平衡膳食	−0.011	0.076	0.010	0.362*
地区	0.173**	−0.343***	0.056*	−0.109
逆米尔斯比率	—	3.143**	—	4.003**

注：***、**和*分别表示在1％、5％和10％水平上显著。

四、 研究结论与对策建议

通过分析非洲猪瘟疫情影响下城镇居民家庭畜产品消费替代问题，得到以下结论：第一，非洲猪瘟疫情的发生，影响了城镇居民家庭畜禽产品消费，就调研的情况看，有2/3的样本选择其他畜禽产品替代猪肉消费，城镇居民主要选择牛肉、羊肉、鸡蛋以及鸡肉作为猪肉的消费替代品；第二，非洲猪瘟疫情影响下，有老人的家庭、月均收入高的家庭、有房贷的家庭以及对非洲猪瘟疫情影响程度的判断等变量是影响城镇居民家庭牛肉部分替代猪肉消费的关键因素，月均收入高的家庭以及有房贷的家庭等变量是影响城镇居民家庭羊肉消费增加量的关键因素，对非洲猪瘟疫情影响程度的判断、有未成年人的家庭以及少数民族家庭等变量是影响城镇居民家庭鸡肉消费量增加的关键因素，对非洲猪瘟疫情影响程度的判断、家庭月均收入、有房贷的家庭以及关注平衡膳食等变量是影响城镇居民家庭鸡蛋消费增加的关键因素。

基于以上结论，本章提出以下三点缓解非洲猪瘟疫情影响以及提振畜产品消费的对策建议。

第一，稳定畜产品消费。针对猪肉消费短期内保持偏紧态势的前提下，通过采用多样化的宣传方式，着重做好猪肉消费信心的恢复，通过增加猪肉供给，稳定猪肉市场价格。与此同时，推动肉牛、肉羊、蛋鸡以及肉鸡等产业的发展，有效支撑畜产品的供给，满足居民对畜产品的消费，避免出现畜产品购买紧缺的情况发生，落实责任，充分利用市场调节作用，稳定畜产品消费。

第二，恢复生猪生产。积极支持非洲猪瘟疫情防控，安排专门的强制扑杀补助以及疫情防控工作专项经费，加快资金的拨付进度，减轻养殖场资金压力以及提升疫情防控工作效率。在此基础上，各地区相关部门依据各部委出台及实施的各项财政政策，配套及执行有针对性的财政支持政策，加强信贷支持，合理规划、合理布局生猪养殖，加快恢复生猪生产，切实保障及恢复猪肉有效供给。

第三，加强畜产品质量监管，优化畜产品消费结构。完善生产到餐桌整个产业链的畜产品质量监管，向消费者提供质量安全凭证，提振居民对畜产品的消费信心，尤其是对猪肉消费的信心。在此基础上，摸清我国目前的畜产品生产结构，通过出台引导居民畜产品消费的补贴政策以及相关的市场调节政策，优化居民畜产品的消费结构。

CHAPTER 8　第八章

"土鸡蛋"事件对城镇居民
鸡蛋消费的影响

　　鸡蛋为人们提供了物美价廉的动物蛋白，为提高人们生活水平、改善膳食结构起了重要作用。随着人们收入水平的不断提升，对鸡蛋品质的要求越来越高，"健康、养生、纯天然、高品质"的土鸡蛋成为了热销品。然而在 2019 年央视 "3·15 晚会" 报道称土鸡蛋是被 "化妆" 出来的，即 "蛋黄颜色的深浅并不能判定是否是土鸡蛋，红蛋黄有猫腻，在饲料中添加一种特殊的添加剂斑蝥黄，吃了这种饲料的鸡产出的鸡蛋蛋黄颜色就会变深"。"土鸡蛋"事件的爆出，引起了人们的广泛关注，冲击了人们土鸡蛋消费。鉴于此，专门对购买土鸡蛋相对较多的城镇居民鸡蛋消费情况做了调研，以摸清 "城镇居民对晚会报道的'土鸡蛋'事件关注度如何？对以后鸡蛋的消费有何影响？" 等问题，具体将在分析城镇居民对

"土鸡蛋"事件关注度及影响情况统计分析的基础上，实证探讨"土鸡蛋"事件对城镇居民鸡蛋消费的影响，为提振鸡蛋消费、消除食品安全事件影响的对策建议的提出提供研究依据。

一、 统计分析

就"土鸡蛋"事件来看（表 8-1），所调研到的 1 068 个样本中，有28.00％的样本知道 2019 年"央视 3·15 晚会"曝光的"土鸡蛋"事件。知道该事件，且对鸡蛋购买有影响的样本占总样本的22.10％，主要的影响表现是"不购买土鸡蛋以及用其他鸡蛋替代土鸡蛋"，影响周期约 2 个月，说明该事件对鸡蛋消费市场具有短期影响。

表 8-1　"土鸡蛋"事件对城镇居民鸡蛋消费的影响统计

省份	知道"土鸡蛋"事件（％）	"土鸡蛋"事件对购买鸡蛋有影响（％）	减少土鸡蛋购买量（％）	不购买土鸡蛋（％）	购买非土鸡蛋替代土鸡蛋（％）	购买其他畜产品替代鸡蛋（％）	影响周期（月）
北京（N=615）	20.33	15.28	2.76	9.43	7.15	2.60	2.25
河北（N=453）	38.41	31.35	9.27	19.87	8.61	9.05	1.88
总计（N=1 068）	28.00	22.10	5.52	13.86	7.77	5.34	2.03

在调查的样本中有 853 个购买过土鸡蛋，占总样本的79.87％。在购买过土鸡蛋的消费者中有 31.18％的样本知道"央视 3·15 晚会"曝光的"土鸡蛋"事件，高于知道该事件样本占总样本的比例，这表明购买土鸡蛋的消费群体对"土鸡蛋"事件的关注度要稍高。

二、 实证分析

（一）方法选择

以"土鸡蛋"事件是否对家庭购买鸡蛋有影响为因变量，只有"是"和"否"两种情况，所以分析中采用二元选择模型中的二元Logit 模型来分析影响"土鸡蛋"事件对鸡蛋消费的影响。建立函数公式如下：

$$\text{Logit}\ (P) = \ln\left(\frac{P}{1-P}\right) = \beta_0 + \beta_1 x_1 + \beta_2 x_2 + \cdots + \beta_i x_i + \varepsilon_i$$

式中，β_0 是截距参数，β_i（$i=1$，2，$\cdots$，n）是回归系数，x_i（$i=1$，2，$\cdots$，n）是影响行为的解释变量矩阵，ε_i 是误差项。

（二）变量选择

借鉴已有相关研究（宣亚楠等，2004；左两军等，2009；刘斐等，2015），并结合调查的实际情况，对城镇居民家庭鸡蛋消费可能的影响因素进行归纳整理，最后将自变量归纳为土鸡蛋购买行为、关注度、家庭特征三大类特征变量，具体的变量定义与说明见表8-2。土鸡蛋购买行为是指家庭中是否购买过土鸡蛋；关注度包括对"土鸡蛋"事件的关注度以及对鸡蛋质量安全的关注度；家庭特征变量包括家庭成员中男性成员数量、家庭成员中的女性成员数量、家中是否有孕妇、家中 60 岁以上老人数量、家中未成年人数量、是否为少数民族家庭、家庭 2019 年月均总收入、家庭中受教育程度最高成员的学历水平、家中是否有房贷、被访问者性别。

表 8 - 2 变量的定义与说明

类别	测量指标	指标说明	单位	均值	预期影响
土鸡蛋购买行为	是否有过购买土鸡蛋的行为	1＝购买过；0＝未购买过	/	0.80	＋
关注度	是否知道"土鸡蛋"事件	1＝知道；0＝不知道	/	0.28	＋
	对鸡蛋质量安全的关注度	1＝根本不关注；2＝不太关注；3＝一般关注；4＝比较关注；5＝非常关注	/	3.65	＋
家庭特征	家庭成员中的男性人口数量	家庭成员中的男性人口数量	人	1.79	＋/－
	家庭成员中的女性人口数量	家庭成员中的女性人口数量	人	1.96	＋/－
	孕妇家庭	1＝有；0＝没有	/	0.03	＋/－
	家庭中老人人数	家庭中 60 岁以上的老人人数	人	0.72	＋
	家庭中未成年人数	家庭中未成年人数	人	0.70	＋/－
	少数民族家庭	1＝是；0＝否	/	0.06	＋/－
	家庭 2019 年月均总收入	1＝0～5 000 元；2＝5 001～10 000 元；3＝10 001～20 000 元；4＝20 000 元以上	/	2.62	＋/－
	家庭成员最高受教育程度	1＝小学及以下；2＝初中；3＝高中或中专或技校；4＝大专；5＝本科；6＝研究生	/	4.69	＋/－
	家中是否有房贷	1＝是，0＝否	/	0.29	＋/－
	被访问者性别	1＝男，0＝女	/	0.31	＋/－

（三）结果分析

从表 8-3 的模型结果来看，是否有过购买土鸡蛋的行为、是否知道"土鸡蛋"事件、对鸡蛋质量安全的关注度、家庭成员中男性人口数量、家庭中 60 岁以上老人人数、家庭中受教育程度最高成员的学历水平通过了显著性检验。

其中，有过购买土鸡蛋的行为与对"土鸡蛋"事件的关注这两个变量在 1% 的水平上显著，且变量系数为正值，表明在其他变量不变的情况下，有过购买"土鸡蛋"行为与对"土鸡蛋"事件关注的家庭的鸡蛋消费行为的影响概率占比大。这两变量的方向与预期方向一致，且与前文分析结果有过购买"土鸡蛋"行为的消费者对"土鸡蛋"事件的关注度要高结论一致。

家庭成员中男性人口数量与教育水平变量在 5% 的水平上显著，男性人口数量与教育水平变量系数为正，表明在其他变量不变的情况下，消费者中男性人口数量越多的家庭"土鸡蛋"事件对家庭鸡蛋消费行为影响越大。消费者家庭中受教育水平程度越高，"土鸡蛋"事件对家庭鸡蛋消费行为影响则越小，这有可能与受教育水平高的消费者对"土鸡蛋"的认知更客观，事件对购买行为影响越小。

对鸡蛋质量安全的关注度与家庭中 60 岁以上老人人数变量在 10% 的水平上显著，且系数分别为正和负，这表明在其他变量不变的情况下，"土鸡蛋"事件对鸡蛋质量安全越关注的家庭鸡蛋消费行为影响越大；在 60 岁老人人数越少的家庭中"土鸡蛋"事件对鸡蛋消费行为影响越大。

表 8 - 3 Logit 模型估计结果

变量	系数	P 值
截距	−6.378	0.002
是否有过购买土鸡蛋的行为	1.739	0.000
是否知道"土鸡蛋"事件	6.518	0.000
对鸡蛋质量安全的关注度	0.294	0.084
家庭成员中的男性人口数量	0.510	0.017
家庭成员中的女性人口数量	0.147	0.456
孕妇家庭	−0.480	0.450
家庭中老人人数	−0.334	0.074
家庭中未成年人数	−0.071	0.785
少数民族家庭	0.511	0.483
家庭 2019 年月均总收入	−0.085	0.228
家庭成员最高受教育程度	−0.364	0.032
家中是否有房贷	−0.161	0.616
被访问者性别	−0.242	0.452

三、 研究结论与对策建议

本章实证分析了"土鸡蛋"事件对城镇居民鸡蛋消费的影响，得到以下结论：一是城镇居民对"土鸡蛋"事件的关注度较低，也导致受该事件影响的城镇居民占比较低，仅就受影响的城镇居民鸡蛋消费情况看，主要表现为"不购买土鸡蛋以及用其他鸡蛋替代土鸡蛋"，影响周期约 2 个月，说明该事件对鸡蛋消费市场具有短期影响；二是经模型验证，有过购买土鸡蛋行为与对"土鸡蛋"事件关注的家庭的鸡蛋消费行为的影响概率占比较大，具有男性人口数量多、受教育水平低、对鸡蛋质量安全关注度高、老人人数少等特征的城镇居民家庭受"土鸡蛋"事件影响较大。

　　基于以上研究结论，提出以下两点提振鸡蛋消费、消除食品安全事件影响的对策建议：一是正确引导鸡蛋消费，开展鸡蛋储存、食用以及营养方面的科普活动，重点对不同类型的鸡蛋，如土鸡蛋、初产蛋、清洁蛋、生食鸡蛋等做科普宣传，引导消费者对鸡蛋能有正确的认识；二是制定土鸡蛋生产标准，引导实现土鸡蛋生产标准化、科学化，并通过引入可追溯系统，让人们能直接看到土鸡蛋的生产过程，从而提升人们对土鸡蛋的消费信心。

附　录
APPENDIX

城镇居民家庭鸡蛋消费行为调查问卷

访问导语

　　您好！我是一名学生，正在进行一项城镇居民家庭鸡蛋消费的调研，希望得到您的配合。本次问卷主要涉及您家鸡蛋的购买以及对品牌鸡蛋的一些看法。本问卷搜集到的信息只用于课题研究，请您放心作答。

访问员姓名：＿＿＿＿＿＿＿＿

Ⅰ 被访者甄别

　　您是否了解家中购买鸡蛋的情况＿＿＿＿【1＝是；0＝否】，若选"0＝否"，则停止访问并更换调研对象。

II 家庭鸡蛋消费行为

A1. 家庭鸡蛋消费及食用情况

A1-1. 购买鸡蛋和其他食品的情况（2019 年）

（1）您家平均每隔多少天购买一次鸡蛋（天/次）	
您家平均每次购买多少鸡蛋____（选单位：1＝千克/次；2＝枚/次）	
（2）您家平均每隔多少天购买一次畜禽肉（天/次）	
您家平均每次购买多少畜禽肉（千克/次）	
（3）您家平均每隔多少天购买一次水产品（天/次）	
您家平均每次购买多少水产品（千克/次）	
（4）您家平均每隔多少天购买一次奶及奶制品（天/次）	
您家平均每次购买多少奶及奶制品____（选单位：1＝千克/次；2＝升/次；3＝毫升/次）	

注：畜禽肉包括猪肉、牛肉、羊肉、鸡肉等；水产品包括鱼、虾、螃蟹等。

A1-2. 您家食用鸡蛋的主要方式是____、____、____、____、____
【1＝水煮鸡蛋；2＝溏心蛋；3＝炒菜；4＝鸡蛋羹；5＝煎蛋；6＝茶叶蛋；7＝荷包蛋；8＝做糕点；9＝其他____】

A1-3. 您家储存鸡蛋的主要方式是____【1＝冰箱储存；2＝常温储存；3＝其他_____】

A2. 消费者对品牌鸡蛋的认知

A2-1. 您认为什么样的鸡蛋才是品牌鸡蛋_____、_____、____、____、____

【1＝价格高；2＝有商标；3＝有包装；4＝在超市卖；5＝有认证；6＝有喷码；7＝可追溯；8＝其他_____】

提示：下述问题所提到的品牌鸡蛋指的是有商标的鸡蛋；普通鸡蛋是指没有商标的鸡蛋。

A2-2. 您认为普通鸡蛋与品牌鸡蛋相比有哪些优点［最多选3项］

____、____、____

【1＝无区别；2＝便宜；3＝新鲜；4＝好吃；5＝可随意挑选；6＝营养；7＝其他　　　　】

A2-3. 您认为品牌鸡蛋与普通鸡蛋相比有哪些优点［最多选3项］

____、____、____

【1＝无区别；2＝营养；3＝质量有保障；4＝好吃；5＝表皮干净；6＝有包装；7＝类别丰富；8＝可追溯；9＝其他____ ____】

A2-4. 您觉得品牌鸡蛋的价格为什么会比普通鸡蛋价格高？［最多选3项］____、____、____

【1＝有包装；2＝质量有保障；3＝表皮干净；4＝生产成本高；5＝可追溯；6＝广告费高；7＝其他_____】

A2-5. 您觉得品牌鸡蛋的价格比普通鸡蛋价格高是否合理？____

【1＝合理；0＝不合理】

普通鸡蛋价格多少钱比较合理____（元/千克），能够承受的最高价格是____（元/千克）

品牌鸡蛋价格多少钱比较合理____（□元/枚；□元/千克），能够承受的最高价格是____（□元/枚；□元/千克）

A2-6. 若普通鸡蛋价格超过所能承受的最高价格时，是否会影响鸡蛋购买量？____【1＝是；0＝否】，

若"是"，则减少普通鸡蛋购买量____%，您会购买其他产品替代鸡蛋吗？____【1＝是；0＝否】，若"是"，则是哪种产品？____

A3. 品牌鸡蛋的购买情况

A3-1. 您家 2019 年是否购买过品牌鸡蛋？____【1＝是；0＝否】，若选"0＝否"，跳问 A4

A3-2. 您购买品牌鸡蛋的原因［不限］____、____、____、____、

____、____、____

【1＝质量有保障；2＝营养丰富；3＝鸡蛋大小均匀；4＝产品可追溯；5＝新鲜度；6＝便于携带；7＝家里有小孩；8＝家里有老人；9＝家里有孕妇；10＝安全可靠；11＝蛋壳结净；12＝习惯性购买；13＝促销；14＝好吃；15＝店员推荐；16＝亲友推荐；17＝专家、媒体推荐；18＝其他_____】

A3-3. 您家今年购买的品牌鸡蛋约占购买鸡蛋总量的多少？____%

A3-4. 您家今年购买的品牌鸡蛋是何种包装［最多选 3 项］____、

____、____

【1＝礼盒；2＝纸盒；3＝塑料盒；4＝网兜；5＝散装（托盘或塑料袋）；6＝其他_____】

A3-5. 您家今年购买的品牌鸡蛋用来送礼的比例大约是多少？____%

A3-6. 您家今年平均隔多少天购买一次品牌鸡蛋____天

您家今年平均每次购买多少品牌鸡蛋____【注明单位：____（1＝千克/次；2＝枚/次）】

您家今年平均每次购买品牌鸡蛋花多少钱？＿＿＿元/次

A3-7. 您家主要从哪里购买品牌鸡蛋［最多选3项］＿＿＿、＿＿＿、

＿＿＿

【1＝超市；2＝农贸市场；3＝社区便利店；4＝小商贩；5＝
电商；6＝其他＿＿＿＿＿＿】

A3-8. 品牌鸡蛋与普通鸡蛋的价差较小时，是否会增加品牌鸡蛋的
购买量？＿＿＿【1＝是；0＝否】，

若"是"，则增加多少品牌鸡蛋的购买量＿＿＿％，鸡蛋消费
总量的变化＿＿＿【1＝增加；2＝不变；3＝减少】

A3-9. 品牌鸡蛋价格超过所能承受的最高价格时，是否会减少品
牌鸡蛋的购买量？＿＿＿【1＝是；0＝否】；若"是"，则减
少多少品牌鸡蛋的购买量＿＿＿％，鸡蛋消费总量的变化＿＿＿
【1＝增加；2＝不变；3＝减少】

A3-10. 哪种促销方式会让您增加品牌鸡蛋的购买量？［最多选3
项］＿＿＿、＿＿＿、＿＿＿

【1＝任何促销活动都不会影响我品牌鸡蛋的购买量；2＝降
价；3＝买满换购活动；4＝通过广告、促销人员介绍等方
式宣传品牌鸡蛋的特点；5＝其他＿＿＿＿＿＿】

A3-11. 您对品牌鸡蛋的整体满意度＿＿＿

【1＝很不满意；2＝不满意；3＝一般满意；4＝满意；5＝
很满意】

A3-12. 您家品牌鸡蛋的品牌更换情况？＿＿＿，若选"1＝总是一个
品牌，没换过"，跳问A4

【1＝总是一个品牌，没换过；2＝总是在几个品牌间更换；
3＝每次购买都更换品牌；4＝其他＿＿＿＿＿＿】

A3-13. 您家更换鸡蛋品牌的主要原因是____、____、____

【1＝价格；2＝包装；3＝有新品牌就会尝试；4＝味道/口感；5＝促销；6＝其他_____】

A4. 普通鸡蛋的购买情况及突发事件对鸡蛋消费的影响

A4-1. 您家今年平均隔多少天购买一次普通鸡蛋____天

您家今年平均每次购买多少普通鸡蛋____【注明单位：____（1＝千克/次；2＝枚/次）】

您家今年平均每次购买普通鸡蛋花多少钱? ____元/次

A4-2. 您家主要从哪里购买普通鸡蛋［最多选3项］____、____、____

【1＝超市；2＝农贸市场；3＝社区便利店；4＝小商贩；5＝电商；6＝其他_____】

A4-3. 若该家庭2019年购买品牌鸡蛋，且"A3-8"已问，则本题不用问，跳问"A4-4"。

普通鸡蛋与品牌鸡蛋的价格相近（价差较小）时，是否会增加品牌鸡蛋的购买量? ____【1＝是；0＝否】，若"是"，则增加多少品牌鸡蛋的购买量____%，鸡蛋消费总量的变化____【1＝增加；2＝不变；3＝减少】

A4-4. 自2018年8月暴发非洲猪瘟以来，您家猪肉购买量的变化情况____

【1＝减少；2＝增加；3＝没变化；4＝先减少、后增加；5＝不知道；6＝其他_____】

若选"4"，则目前的猪肉购买量恢复到正常消费量的____%

A4-5. 自非洲猪瘟暴发以来，您家是否有购买鸡蛋或其他畜禽肉替代猪肉的情况____【1＝是；0＝否】

若选"1＝是"，则用来替代猪肉的畜产品是［不限］＿＿＿、

＿＿＿、＿＿＿、＿＿＿、＿＿＿

【1＝鸡蛋（购买量增加了＿＿＿％）；2＝牛肉（增加了＿＿＿％）；

3＝羊肉（增加了＿＿＿％）；4＝鸡肉（增加了＿＿＿％）；5＝

鸭蛋（增加了＿＿＿％）；6＝水产品（增加了＿＿＿％）；7＝其

他＿＿＿＿＿＿（增加了＿＿＿％）】

A4-6. 非洲猪瘟对您购买畜产品（包含鸡蛋）的影响持续了多长时

间＿＿＿月（多少个月，2018 年 8 月算第 1 个月）

A4-7. 您家是否购买过土鸡蛋＿＿＿【1＝是；0＝否】

A4-8. 您是否知道 2019 年"央视 3·15 晚会"曝光的"土鸡蛋"事

件＿＿＿【1＝是；0＝否】

若选"1＝是"，则该事件对您家购买鸡蛋是否有影响?＿＿＿

【1＝是；0＝否】，若选"1＝是"，则具体是哪种影响［最多

选 3 项］＿＿＿、＿＿＿、＿＿＿【1＝减少土鸡蛋购买量；2＝不

购买土鸡蛋；3＝购买非土鸡蛋替代土鸡蛋；4＝购买其他畜

产品替代鸡蛋；5＝其他＿＿＿＿＿＿＿】

A4-9. "土鸡蛋"事件对您购买鸡蛋的影响持续了多长时间＿＿＿月

（多少个月，2019 年 3 月算第 1 个月）

A5. 其他

A5-1. 您是否关注平衡膳食或合理膳食（营养平衡）＿＿＿【1＝是；

0＝否】

A5-2. 您认为吃鸡蛋最合理的频率是＿＿＿天＿＿＿枚

您是否认为吃鸡蛋多，会造成胆固醇增加吗?＿＿＿【1＝是；

0＝否】

您是否认为鸡蛋所含胆固醇会影响身体健康?＿＿＿【1＝是；

0＝否】

您是否认为吃鸡蛋越多，则越不利于身体健康？＿＿＿【1＝是；0＝否】；

您会购买功能性鸡蛋吗？（如富锌蛋、富硒蛋、低胆固醇蛋等）＿＿＿【1＝会；0＝不会】

A5-3. 您认为，现在的鸡蛋比以前的鸡蛋（譬如 20 年前）好坏如何？＿＿＿

【1＝好；2＝差；3＝一样；4＝不知道】

若选"2＝差"，则现在的鸡蛋差在哪？［最多选 3 项］＿＿＿、＿＿＿、＿＿＿

【1＝口感；2＝蛋黄颜色；3＝香味（鸡蛋味）；4＝质量；5＝其他＿＿＿＿＿＿】

A5-4. 您最想购买的鸡蛋是什么样的［不限］＿＿＿、＿＿＿、＿＿＿、＿＿＿、＿＿＿、＿＿＿

【1＝质量有保障；2＝营养丰富；3＝鸡蛋大小均匀；4＝产品可追溯；5＝新鲜度；6＝便于携带；7＝安全可靠；8＝蛋壳洁净；9＝好吃；10＝有小时候的味道；11＝鸡蛋功能；12＝其他＿＿＿＿＿＿】

若存在您期望的鸡蛋，则您能接受的鸡蛋价格是＿＿＿（选择单位＿＿＿1＝元/斤；2＝元/枚）

A5-5. 您对鸡蛋质量安全的关注程度＿＿＿

【1＝根本不关注；2＝不太关注；3＝一般；4＝比较关注；5＝非常关注】

您对鸡蛋质量安全水平的评价＿＿＿

【1＝非常差；2＝比较差；3＝一般；4＝比较好；5＝非常好】

A5-6. 您对鸡蛋可追溯的关注程度____

【1＝根本不关注；2＝不太关注；3＝一般；4＝比较关注；5＝非常关注】

若选"2～5"中的任一选项，则您认为鸡蛋可追溯应该包含的信息［不限］____、____、____

【1＝养殖信息；2＝运输信息；3＝清洁信息（清洁蛋）；4＝挑选信息（出库前）；5＝其他_____】

A5-7. 您购买过哪种加工蛋［不限］____、____、____、____、____、____

【1＝卤蛋；2＝鸡蛋干；3＝皮蛋；4＝溏心蛋；5＝蛋白粉；6＝液蛋；7＝蛋粉；8＝其他_____】

Ⅲ 被访问者及家庭信息

B1. 被访者家庭情况

B1-1. 家庭中一共有几口人____人，其中，男性____人，女性____人；家中是否有孕妇____【1＝是；0＝否】

B1-2. 家庭中有老人（60 岁及以上）____人；未成年人（18 岁以下）____人；

B1-3. 是否为少数民族家庭____【1＝是；0＝否】，若"是"，则是哪个民族？_____族

B1-4. 家庭 2019 年月均总收入____

【1＝1 000 元以下；2＝1 001～5 000 元；3＝5 001～10 000 元；

4＝10 001～15 000 元；5＝15 001～20 000 元；

6＝20 001～25 000 元；7＝25 001～30 000 元；

（续）

8＝30 001～35 000 元；9＝35 001～40 000 元；

10＝40 001～45 000 元；11＝45 001～50 000 元；

12＝50 001～55 000 元；13＝55 001～60 000 元；

14＝60 000 元以上】

B1-5. 您家受教育程度最高成员的学历水平＿＿＿

【1＝小学及以下；2＝初中；3＝高中或中专或技校；4＝大专；5＝本科；6＝硕士；7＝博士】

B1-6. 您家是否有房贷＿＿＿ 【1＝是；0＝否】

B2. 被访者个人情况

B2-1. 您的性别＿＿＿ 【1＝男；0＝女】（此题不用问，由访问员直接填写）

B2-2. 您的年龄＿＿＿岁

B2-3. 您的职业＿＿＿ 【1＝事业单位或国家公务员；2＝国企员工；3＝外资或独资企业员工；4＝私营企业员工；5＝企业管理者；6＝个体户；7＝演艺人员；8＝军人；9＝教师；10＝出租车司机；11＝家庭主妇；12＝自由职业者；13＝下岗失业人员；14＝退休人员；15＝学生；16＝无业；17＝其他＿＿＿＿＿＿】

参考文献
REFERENCES

卞琳琳，刘爱军. 中国城镇居民鸡蛋消费行为研究——基于江苏省市场的调研 [J]. 世界农业，2014 (5)：188-193.

蔡勋，陶建平. 禽流感疫情影响下家禽产业链价格波动及其动态关系研究 [J]. 农业现代化研究，2017，38 (2)：267-274.

陈军，许茂增. 感观质量影响需求的生鲜农产品定价策略研究 [J]. 管理学报，2012，9 (11)：1648-1652.

崔登峰，黎淑美. 特色农产品顾客感知价值对顾客购买行为倾向的影响研究——基于多群组结构方程模型 [J]. 农业技术经济，2018 (12)：119-129.

丁悦，林源，马骥. 北京市城镇居民家庭鸡蛋消费的基本特征分析 [J]. 中国食物与营养，2011，17 (12)：44-47.

董家田，孟晓芳，刘增金，等. 大都市城镇居民对地产蔬菜的支付意愿研究——基于上海市 532 份消费者问卷调查数据的实证分析 [J]. 中国农学通报，2019，35 (19)：157-164.

樊孝凤，刘行，肖路，等. 蔬菜价格形成与阐释：基于海南生产者到北京终端消费者的调查 [J]. 中国食物与营养，2015 (11)：38-42.

冯燕芳，陈永平. 生鲜农产品供应链信息溯源研究——兼析生鲜农产品价格信息对消费者购买意愿的影响 [J]. 价格理论与实践，2019 (5)：153-156.

郭世娟，李华. 消费者对可追溯鸡蛋的支付意愿及影响因素分析——基于北京市 396 位消费者的调查 [J]. 中国家禽，2017，39 (12)：73-76.

胡向东，郭世娟. 疫情对生猪市场价格影响研究——兼析非洲猪瘟对产业冲击及应对策略 [J]. 价格理论与实践，2018 (12)：51-55.

姜百臣，米运生，朱桥艳. 优质农产品质量特征的消费者选择偏好与价格支付意愿——基于 Hedonic 模型的研究 [J]. 南京农业大学学报（社会科学版），2017，17（4）：128-137.

李婕，钟钰. 家禽养殖户特征与禽流感综合防疫行为的关系研究——基于江苏省养殖户的调查 [J]. 中国家禽，2016，38（24）：38-41.

李莎莎，李先德. 我国居民鸡蛋消费需求与未来趋势 [J]. 中国家禽，2018，40（17）：1-7.

李硕，马骥. 消费者对品牌鸡蛋的溢价支付意愿研究 [J]. 价格理论与实践，2015（6）：45-48.

李怡洁，林竟雨，马骥. 北京市城镇居民品牌鸡蛋消费的影响因素分析 [J]. 中国食物与营养，2012，18（3）：43-45.

李宗泰，郑春慧. 北京城乡家庭鸡蛋购买行为特征分析 [J]. 北京农学院学报，2014，29（1）：23-25.

梁志会，张露，张俊彪，等. 基于 MOA 理论消费者绿色农产品溢价支付意愿驱动路径分析——以大米为例 [J]. 中国农业资源与区划，2020，41（1）：30-37.

林光华，王凤霞，邹佳瑶. 农户禽流感报告意愿分析 [J]. 农业经济问题，2012（7）：39-45，111.

林竟雨，李怡洁，马骥. 北京市城镇居民品牌鸡蛋消费的特征分析 [J]. 中国食物与营养，2012，18（2）：46-49.

刘博，刘天军. 农户异质性与议价能力差异——基于"农超对接"模式的实证分析 [J]. 广东农业科学，2014（16）：220-225.

刘斐，刘猛，赵宇，等. 城镇居民小米消费影响因素实证分析——以石家庄市为例 [J]. 中国食物与营养，2015（3）：41-46.

刘楼，袁名别. 肉制品行业消费者价格敏感度影响因素研究 [J]. 价格理论与实践，2013（6）：93-94.

刘梅，吴林海，高瑛，等. 对可持续农产品的消费意愿分析 [J]. 重庆大学学报（社会科学版），2013，19（2）：86-91.

刘明月，陆迁，张淑霞．基于疫情上报意愿的禽流感补偿标准研究 [J]．西北农林科技大学学报（社会科学版），2017，17（5）：82-89.

刘明月．禽流感疫情冲击下养殖户经济损失评价及补偿政策优化研究——以宁夏中卫蛋鸡养殖为例 [D]．杨凌：西北农林科技大学，2017.

刘思宇，张明．蔬菜流通的成本构成与利润分配——基于长株潭城市群大白菜流通全过程的调查 [J]．消费经济，2013（1）：61-65.

刘晓琳，吴林海，徐玲玲．消费者对可追溯茶叶额外价格支付意愿与支付水平的影响因素研究 [J]．中国人口·资源与环境，2015，25（8）：170-176.

刘政．鸡蛋所含的胆固醇并不可怕 [J]．家禽科学，2016（7）：32.

马骥，杨皓天．城镇居民鸡蛋品牌转换行为及其影响因素分析——以北京市为例 [J]．黑龙江畜牧兽医，2018（14）：21-25.

梅付春，张陆彪．禽流感疫区散养户对扑杀补偿政策配合意愿的实证分析 [J]．农业经济问题，2008（S1）：173-177.

聂赟彬，乔娟．非洲猪瘟发生对我国生猪产业发展的影响 [J]．中国农业科技导报，2019，21（1）：11-17.

牛元帅．突发疫情对畜禽产品价格冲击效应研究 [J]．价格理论与实践，2018（6）：46-49.

潘建伟，张立中，胡天石．基于流通视角的农产品价格传导机制研究 [J]．农业技术经济，2018（6）：106-115.

秦新．北京市城镇居民品牌鸡蛋购买意愿分析及展望 [J]．农业展望，2019，15（4）：70-73.

阮光锋．每天正常摄入鸡蛋不会升高胆固醇 [N]．经济日报，2018-08-02.

孙从佼，秦富，杨宁．2018年蛋鸡产业发展概况、未来发展趋势及建议 [J]．中国畜牧杂志，2019（3）：119-123.

孙侠，张闯．我国农产品流通的成本构成与利益分配——基于大连蔬菜流通的案例研究 [J]．农业经济问题，2008（2）：39-48.

谭莹，胡洪涛，李大胜．经济政策不确定性对农产品产业链的价格冲击研究——基于供需双方"议价能力"视角 [J]．农业技术经济，2018（7）：80-92.

唐娅楠，薛凤蕊．河北省城镇居民蛋品消费特点及消费需求系统分析［J］．黑龙江畜牧兽医，2016（16）：1-4.

唐跃武，范体军，刘莎．考虑策略性消费者的生鲜农产品定价和库存决策［J］．中国管理科学，2018（11）：105-113.

田璞玉，孙良媛，郑晶．禽流感扑杀补偿、养殖户疫情披露与防疫要素投入［J］．农村经济，2018（7）：36-43.

田璞玉，郑晶，孙红．信息不对称、养殖户重大动物疫病防控与政策激励——基于委托代理理论视角［J］．农业技术经济，2019（1）：54-68.

王建华，杨晨晨，朱湄．消费者对安全认证猪肉的选择行为偏差及其影响因素［J］．中国人口·资源与环境，2018，28（12）：147-158.

王丽佳，霍学喜．消费者对质量认证果品高价支付意愿分析［J］．农业现代化研究，2018，39（4）：665-672.

王珊，李毓峰，傅玮梼，等．福建省品牌鸡蛋消费影响因素研究——以福州、厦门地区为例［J］．中国家禽，2020，42（1）：77-81.

王学真，刘中会，周涛．蔬菜从山东寿光生产者到北京最终消费者流通费用的调查与思考［J］．中国农村经济，2005（4）：66-72.

吴春雅，夏紫莹，罗伟平．消费者网购地理标志农产品意愿与行为的偏差分析［J］．农业经济问题，2019（5）：110-120.

徐亦驰，彭诗怡，杨芳．鸡蛋消费与胆固醇稳态相关性研究进展［J］．食品科学，2020，41（7）：245-254.

宣亚南，崔春晓．消费者陈述偏好与实际购买行为差异探析——以对生态标识食品的需求为例［J］．南京农业大学学报（社会科学版），2004（3）：24-28.

闫振宇，陶建平，徐家鹏．养殖农户报告动物疫情行为意愿及影响因素分析——以湖北地区养殖农户为例［J］．中国农业大学学报，2012，17（3）：185-191.

闫振宇，陶建平．猪肉质量安全风险认知、消费决策及政府沟通策略——基于重大动物疫情的消费者适应性调研［J］．中国畜牧杂志，2014，50（20）：58-62.

杨芳，马美湖．鸡蛋摄取与血清胆固醇相关性研究最新进展［J］．心血管康复医学杂志，2010，19（3）：324-328.

于乐荣，李小云，汪力斌，等.禽流感发生对家禽养殖农户的经济影响评估——基于两期面板数据的分析［J］.中国农村经济，2009（7）：12-19，30.

于林宏，孙京新，王淑玲，等.山东省鸡蛋及其加工制品的消费调研［J］.中国家禽，2017，39（2）：74-79.

张国政，彭嫄，王坤波，等.基于联合分析法的消费者对茶叶品牌、价格、有机认证与地理标志的偏好分析［J］.茶叶通讯，2019（2）：215-220.

张莉琴，康小玮，林万龙.高致病性禽流感疫情防制措施造成的养殖户损失及政府补偿分析［J］.农业经济问题，2009（12）：28-33.

郑燕，丁存振，马骥.中国鸡蛋产业链不同市场环节价格传导效应分析［J］.农林经济管理学报，2018（6）：727-737.

郑燕，马骥.禽流感疫情变动对畜禽产品价格的动态影响研究——基于时变参数向量自回归（TVP-VAR）模型［J］.农业现代化研究，2018，39（5）：751-760.

周安宁，应瑞瑶.我国消费者地理标志农产品支付意愿研究——基于淘网宝"碧螺春"交易数据的特征价格模型分析［J］.华东经济管理，2012，26（7）：111-114.

周力，刘常瑜.禽流感风险下肉鸡产业价格纵横传导研究［J］.统计与决策，2016（17）：93-96.

周莉，孔令成.中国农产品价格的理论研究综述［J］.经济研究导刊，2012（10）：1-2.

朱宁，高堃，马骥.北京市城镇居民鸡蛋消费影响因素的实证分析［J］.中国食物与营养，2012，18（1）：45-48.

朱宁，马骥.农户议价能力及其对农产品出售价格影响的实证分析［J］.经济经纬，2015（4）：31-36.

朱宁，秦富，马骥.城镇居民品牌鸡蛋购买决策行为及其影响因素分析——以北京市为例［J］.中国畜牧杂志，2015，51（6）：324-328.

朱宁，秦富.突发性疫情、家禽产品价格与养殖户生产行为——以蛋鸡为例

[J]. 科技与经济，2015（3）：45-49.

朱宁，秦富. 我国蛋鸡产业转型升级的思考及建议 [J]. 中国家禽，2019，41（16）：1-4

朱长宁. 基于可追溯系统的生鲜农产品供应链协调机制研究 [J]. 农村经济，2015（6）：106-109.

左两军，李慧，齐文娥. 广州市品牌鸡蛋市场现状与消费者支付意愿调查分析 [J]. 广东农业科学，2009（6）：267-270.

Dimarco D M，Norris G H，Millar C L，et al. Intake of up to 3 eggs per day is associated with changes in HDL function and increased plasma antioxidants in healthy，young adults [J]. The Journal of Nutrition，2017，147（3）：323-329.

Eckel R H，Jakicic J M，Ardjd J D，et al. Reprint：2013 AHA/ACC guideline on lifestyle management to reduce cardiovascular risk [J]. Journal of the American College of Cardiology，2014，63（25）：2960-2984.

Gray J，Griffin B. Eggs and dietary cholesterol-dispelling the myth [J]. Nutrition Bulletin，2009（34）：66-70.

Lemos B S，Medina-vera I，Blesso C N，et al. Intake of 3 Eggs per day when compared to a choline bitartrate supplement，down regulates cholesterol synthesis without changing the LDL/HDL ratio [J]. Nutrients，2018，10（2）：E258.

Lexander D D，Miller P E，Vargas A J，et al. Meta-analysis of egg consumption and risk of coronary heart disease and stroke [J]. Journal of the American College of Nutrition，2016，35（8）：704-716.

Nakamura Y，Iso H，KITA Y，et al. Egg consumption，serum total cholesterol concentrations and coronary heart disease incidence：Japan Public Health Center-based prospective study [J]. British Journal of Nutrition，2006，96（5）：921-928.

Rueda J M，Khosla P. Impact of breakfasts（with or without eggs）on body weight regulation and blood lipids in university students over a 14-week semester [J]. Nutrients, 2013, 5 (12): 5097-5113.

Xia X, Liu F C, Yang X L, et al. Associations of egg consumption with incident cardiovascular disease and all-cause mortality [J]. Science China Life Sciences, 2020, 63 (9): 1317-1327.

后 记
POSTSCRIPT

学界对鸡蛋消费问题的研究主要集中在居民普通鸡蛋和品牌鸡蛋消费量及购买渠道的分析，缺乏基于消费者视角分析鸡蛋承受能力、鸡蛋定价以及突发事件对鸡蛋消费影响的研究，而且从营养角度分析消费者鸡蛋消费行为的研究成果也比较缺乏。鉴于此，国家蛋鸡产业技术体系产业经济研究室专门针对城镇居民鸡蛋消费行为开展了大样本调研，并侧重于目前研究不足的领域，利用实地调研数据开展了相关的实证分析。

本书在数据获取方面，得到了河北工程大学姜华教授、河北科技大学樊洪涛老师、河北农业大学薛凤蕊教授以及中国农业大学朱一鸣博士的支持和帮助，在此一并感谢。同时感谢参与调研的各位同学，在大家的共同努力下，调研得以顺利完成。

在本书各章节的撰写过程中，国家蛋鸡产业技术体系产业经济研究室主任秦富教授对各个章节研究选题、研究思路、研究框架等方面，给予了大量的指导。开展城镇居民普通鸡蛋、品牌鸡蛋的分析，得到了吕伟和周志敏的帮助和支持；开展胆固醇认知对城镇居民鸡蛋食用量的影响、非洲猪瘟疫情影响下城镇居民家庭畜产品消费替代研究得到了曹博博士的帮助；开展"土鸡蛋"事件对城镇居民鸡蛋消费影响的研究得到了魏同洋博士的支持。

本书内容主要针对城镇居民的鸡蛋消费问题，在实证分析的基础上，提出了相关的政策建议或对策建议，可为政府有关管理部门、蛋鸡养殖场（户）、消费者提供有价值的参考，但由于作者水平有限，错误和疏漏在所难免，请读者不吝批评指正。

朱　宁

2021 年 3 月

图书在版编目（CIP）数据

城镇居民鸡蛋消费问题研究 / 朱宁著 . —北京：
中国农业出版社，2021.6
ISBN 978-7-109-28282-7

Ⅰ. ①城… Ⅱ. ①朱… Ⅲ. ①鸡蛋—消费—研究—中
国 Ⅳ. ①F323.7

中国版本图书馆 CIP 数据核字（2021）第 093029 号

城镇居民鸡蛋消费问题研究
CHENGZHEN JUMIN JIDAN XIAOFEI WENTI YANJIU

中国农业出版社出版
地址：北京市朝阳区麦子店街 18 号楼
邮编：100125
责任编辑：刘明昌
版式设计：王　晨　　责任校对：沙凯霖　　责任印制：王　宏
印刷：北京中兴印刷有限公司
版次：2021 年 6 月第 1 版
印次：2021 年 6 月北京第 1 次印刷
发行：新华书店北京发行所
开本：720mm×960mm　1/16
印张：9.25
字数：100 千字
定价：45.00 元